省钱的学问

金伟 著

北京燕山出版社

图书在版编目(CIP)数据

省钱的学问 / 金伟著 . -- 北京：北京燕山出版社，2025.5. -- ISBN 978-7-5402-7562-4

Ⅰ . TS976.15-49

中国国家版本馆 CIP 数据核字第 2025RJ5674 号

省钱的学问

著　　者	金　伟
责任编辑	吴蕴豪　谢志明
封面设计	韩　立
出版发行	北京燕山出版社有限公司
社　　址	北京市西城区椿树街道琉璃厂西街 20 号
邮　　编	100052
电话传真	86-10-65240430（总编室）
印　　刷	河北松源印刷有限公司
开　　本	880mm × 1230mm　1/32
字　　数	160 千字
印　　张	6.25
版　　次	2025 年 5 月第 1 版
印　　次	2025 年 5 月第 1 次印刷
定　　价	38.00 元
发 行 部	010-58815874
传　　真	010-58815857

如果发现印装质量问题，影响阅读，请与印刷厂联系调换。

前言
PREFACE

省钱也是一门学问，不要以为钱多的人就不在乎小钱。

有人以"你知道你家每年的花费是多少吗"为题进行调查，结果近62.4%的百万富翁回答"知道"，而非百万富翁则只有35%知道。又以"你每年的衣食住行支出是否都根据预算"为题进行调查，结果竟是惊人地相似：白万富翁中做预算的占2/3，而非百万富翁只有1/3。进一步分析，不做预算的百万富翁大都用一种特殊的方式控制支出，即造成人为的相对经济窘境。这正好反映了富人和普通人在对待钱财上的区别。节俭是大多数富人共有的特点，也是他们之所以成为富人的一个重要原因。他们养成了精打细算的习惯，有钱就好好规划，而不是乱花。他们省下手中的钱，然后用在更有意义的地方。富人深深地懂得花钱应像炒菜放盐一样恰到好处，哪怕只是很少的几元钱也要让其发挥出最大的效益。他们认为，一个人只有当他用好了自己的每一分钱，才能做好自己的事情。

节省你手中的钱，对你个人的意义很大。节省下来的钱可以放到更有意义的地方。如果拿去投资，也许，你省的就不只是一分钱了。对一个企业而言，节俭可以有效地降低成本，增加产品的市场竞争力。珍惜你手中的每一分钱，只有这样，你才能积聚腾飞的力量，才能拥有百万家财的可能。不要轻视小钱，节省一分钱，就相当于赚了一分钱。珍惜你手中的每一分钱，这样的话你的财富会越积越多。

省钱过日子并不一定意味着让我们忍痛割爱，放弃自己的一些必要的需求。本书从购物、饮食、穿着、出行、育儿教育、节假日消费等方面向大家传授许多省钱的妙招，教你如何过低成本的生活，聪明地选择生活方式和消费行为，充满了生活的智慧与乐趣。只要你了解了其中轻松省钱的办法，你的省钱生活依然会丰富多彩，你的人生依然会幸福快乐，绝不会因为省钱而降低生活品质。省钱不抠门，节俭又时尚，理性消费，简约生活是本书崇尚的理念。

目录
CONTENTS

第一章
赚到更要省到　省下的钱才是自己的钱

省钱智力与赚钱能力同等重要..................002
挖掘挣钱、理财之外的空白地带..................004
跟富豪们学习省钱的技巧..................006
精致生活一样可以省出来..................009
量入为出，学会过"紧"日子..................012
省钱与格调不冲突..................014
享受不花钱的满足..................016
训练自己变身"用钱达人"..................019

第二章
购物省钱——用一分钱买两分货

把你的每一分钱用到实处..................024

只买需要的，不买想要的 027
只买对的，不买贵的 030
消费陷阱，见招拆招 034
这些消费心理误区你是否也有 038
哪些是错误的消费习惯 040
怎样消费才是最划算的 042
如何在超市购买到物"超"所值的东西 046
团购：与大家一起集体"抠门" 049
网购：花最少的钱，买最好的物品 052
拼购：爱"拼"才划算 054

第三章
饮食省钱——花钱少，吃得好

花钱少，也能享用美食 058
钱是从嘴里省出来 061
在家当大厨，省钱又有趣 063
如何做营养丰富又便宜的家常菜 065
带着爱心午餐上班 068
家宴的魅力 070
特色餐馆淘美食 072
做个勤快的餐馆折扣信息情报员 075
多吃天然食物，省钱又健康 078
斤斤计较的买菜省钱法 080

第四章
穿着省钱——小钱穿出气质，品位不等于昂贵

打好"穿"的小算盘 084

清楚需求，做个购衣计划单 087

慢半拍消费，反季节购衣 091

货比三家，同样衣服不同价 094

名牌，不可承受之重 096

买名牌，二手店也不错 099

选打折商品，也要分真假 102

出席重要场合，租用名贵服饰 105

以衣换衣，省钱新潮流 108

服饰织补，也能省钱 110

第五章
出行省钱——费用缩减，风光不打折

多走路少打车，瘦身又省钱 114

买车，适合自己的最好 116

量力而行，盲目出行乱花钱 118

做好计划，提前购票价格低 122

旅游不跟团，学会自助游 125

避开黄金周，出行更省钱 129

选旅馆要避"洋"就"土" 132

结伴出游更省钱 134

第六章
育儿教育省钱——"穷养"出有出息的孩子

贮备生育费用，掌握省钱妙招 138
多种方法应对抚育成本的增加 142
给宝宝建立教育基金 146
选择合适的教育投资工具 150
工薪家庭如何理财供大学生才省点力 154
从小培养孩子的理财观 158
对孩子乱花钱要"对症下药" 161
如何对孩子的压岁钱理财 164
子女教育资金与养老资金的均衡 168

第七章
节假日省钱——假日消费有高招

节日消费也能省钱 172
出外旅游也要省钱 175
假日消费带上银行卡 180
节日刷卡，避免风险 182
花小钱过个温馨的节日 184
婚礼可以"省"着办 185

第一章

赚到更要省到
——省下的钱才是自己的钱

省钱智力与赚钱能力同等重要

赚钱能力的大小不是决定财富多少的唯一因素,财富多少也与省钱的智力高低有很大的关系。省钱是一种生活的智慧,勤俭节约自古以来就是中华民族的传统美德,"省钱是智慧,勤俭是美德"的道理大家都明白,如果你具备了省钱的智力,也就是会赚钱,节省一分钱,就是赚了一分钱。因此,对于财富的积累来说,省钱智力与赚钱能力一样重要。

在历史上一直以"世界首富之都"著称于世的巴比伦,其财富之多超乎想象。哪怕经过了千百年的变迁,它依旧繁荣昌盛,历久不衰。

巴比伦人为什么那么富有呢?美国著名的理财专家乔治·克拉森在其《巴比伦富翁的理财课》中为我们给出了答案:用收入的10%,养活你的"金母鸡"。

"治愈贫穷的第一个妙方,就是每赚到10个钱币,至多只花掉9个。长此坚持不懈,这样你的钱包将很快开始鼓胀起来。钱包不断增加的重量,会让你觉得抓在手里的感觉好极了,而且也会让你的灵魂得到一种奇妙的满足。

"它的妙处就在于,当我们的支出不再超过所有收入的

9/10，我们的生活过得并不比以前匮乏。而且不久以后，钱币比以前更加容易积攒下来。"

相信很多人都会有这样一个愿望，就是无论自己年龄多大，都是一位经济条件优越，过着有品质的生活，打扮体面入时，散发自信魅力的优雅人士。但是我们不得不承认这样的幸福生活是需要用金钱作为物质基础的。所以，为了以后的幸福生活，请记得巴比伦富翁的致富秘诀：用收入的10%，养活你的"金母鸡"。

但仍然有很多人没有意识到省钱的重要性，他们挣的钱并不少，却总是毫无节制地消费，让自己的钱在不知不觉中花光。

文月和夏洁是同事，因为两家住得近，所以两人经常一起去逛街。有一次，她们在商场碰到某名牌的成套化妆品做优惠活动。文月在那些五颜六色的化妆品中开心地挑拣着，结果拿了一大堆，而夏洁逛来逛去，却什么也没有拿。

文月惊讶地说："你怎么什么也不要？"

"我的化妆品还没用完。再说，我想存点钱买套房，所以得省一点。"

"可是现在很便宜，买了很划算！"

夏洁还是摇了摇头。

多年后，夏洁用节省下来的钱先买了一间小套房自己住，后来经济情况稍好点，她又接着买了几套小户型作为投资。正好赶上那几年房价上升，如今才三十出头的夏洁，已成为一位名副其实的富婆了。再看看文月，依然守着每个月几千块的薪水捉襟见肘地过日子。

文月和夏洁两人的情况正好反映了不同的人在对待钱财上的区别。不懂省钱的人，月月挣钱月月花光，这种不考虑以后的人最后还是穷忙活了这些年；而有些人养成了精打细算的习惯，对钱财好好规划，而不是乱花。辛苦赚来的钱，当然要能为自己的幸福加分，聪明的人懂得生活的智慧，会省钱。

请你一定要记住，省钱智力与赚钱能力同样重要，节省一分钱，你就赚了一分钱。如果你对手中的财富不珍惜，哪怕你有再多的钱，到头来，你也会一无所有。

对于财富的积累来说，省钱智力与赚钱能力一样重要。要想做一个既幸福又优雅的人，就要学会好好掌握自己努力赚来的辛苦钱，用你省下的这些钱去养活一只能为你积累财富、会下金蛋的"金母鸡"。

▎挖掘挣钱、理财之外的空白地带

很多年轻人总想着要有一个属于自己的小金库，里面有让他人大吃一惊的财富。想想每个月挣的钱也不少，可是工作这么多年小金库里还是存不下钱。其实，年轻人会挣钱也会消费，他们拿挣来的钱为享乐埋了单，所以多年下来，小金库依然空空如也。

关于如何积累财富的问题，大多数人认为要多挣钱。但事实上,一个挣钱多的人却不见得就是富翁,他可能外表光鲜,实际上却负债累累,而一个看似挣得少的人也许他有一笔让你吃惊的财富。这之中的差别就在于会不会省钱,有没有真正挖掘到挣钱、理财之外的这个空白地带。

李恩和张惠是同一届毕业的同学,李恩在一家投资公司上班,月薪8000元;张惠是一个杂志社的编辑,月薪3500元。李恩虽然月薪8000元,但一年下来小金库才存了一万元;而张惠月收入虽然不足李恩的一半,可是她的小金库存了近3万块钱。李恩挣的是不少,但她每个月打车、美容、购物等的花费就要6000多元;而张惠除了日常开支,基本没有多余的花费,一个月也只消费五六百元,所以一年下来,月薪8000元的李恩竟没有月薪3500元的张惠的积蓄多。

由此可见,收入的多少与你财富的多少并不成正比关系。如果你一心想着享乐,即使赚再多的钱,也攒不下多少钱。把剩余的钱攒起来,存在小金库里的钱才是你的财富。无论哪一个亿万富翁,他的原始资金,都是通过"攒"聚集起来的。"不积小流,无以成江海",每天10元的打车钱看起来不多,一个月下来就有300元,足够你一个月的伙食开支。

我们应该着重改变一下自己的看法。不要以为自己还年轻,挣的钱很多,就会比别人有钱,其实,决定财富的不是收入而是节俭,关键要看你能不能守得住钱。在挣钱与理财之外还有一个决定财富的空白地带——省钱。

一个空有赚钱能力而不懂省钱之道的人是无法成为富人的。一些古老的赚钱法则告诫我们："永远不要将必要的开销和你的欲望混为一谈！人的欲望远远不是你的薪水所能满足的。因此，假如你的收入是用来享乐、用来满足自己的欲望的话，那么再多的钱也必定会被花光的。"

俗话说，"由俭入奢易，由奢入俭难。"花钱花习惯了，处处计划，学会控制，不是一件容易的事，但也要努力让省钱成为你的一种生活习惯。一开始可能会感觉不适应，但是省钱的习惯一旦养成，你的财富也就随之而来了，财富是可以"省"出来的。

除了挣钱和理财，省钱也是积累财富的重要手段。

跟富豪们学习省钱的技巧

2008年3月6日，《福布斯》杂志发布了最新的全球富豪榜，资本投资人沃伦·巴菲特取代了比尔·盖茨成为新的全球首富。当有人打电话祝贺这位新晋首富时，沃伦·巴菲特却幽默地表示："如果你想知道我为什么能超过比尔·盖茨，我可以告诉你，是因为我花得少，这是对我节俭的一种奖赏。"

盖茨针对巴菲特的言论回应时说道，他很高兴将首富的位置让给沃伦。上周末他们一起打高尔夫球时，沃伦为了省钱居然用邦迪创可贴代替高尔夫手套，虽然打起球来不好使，但沃伦毕竟省了数美元。沃伦当选首富的主要原因，不是伯克希尔公司股票的上涨，而是在会省钱上。

事实上，巴菲特能成为全球首富并不是靠不愿买手套这种省钱方法，但巴菲特的个人生活确实非常简单。他住的是老家几十年前盖的老房子，就连汽车也是普通的美国车，用了10年之后才交给秘书继续使用。他也经常吃汉堡包、喝可乐，几乎没有任何奢侈消费。真正的大富豪都是"小气鬼"，不信你再看看比尔·盖茨，看看李嘉诚，那些富豪，在生活中又是怎么省钱的。

一、比尔·盖茨：善用每一分钱

据说有人曾经计算过，比尔·盖茨的财富可以用来买31.57架航天飞机，拍摄268部《泰坦尼克号》，买15.6万部劳斯莱斯产的本特利大陆型豪华轿车。但实际上，比尔·盖茨只有位于西雅图郊区价值5300万美元的豪宅可称得上奢华的设施。豪宅内陈设相当简单，并不是常人想象的那样富丽堂皇。盖茨曾说过："我要把我所赚到的每一笔钱都花得很有价值，不会浪费一分钱。"

二、"小气鬼"坎普拉德

瑞典宜家公司创始人英瓦尔·坎普拉德是一个拥有280亿美元净资产，在30多个国家拥有202家连锁店的大富豪。在2006年度《福布斯》全球富豪榜上排名第四的坎普拉德，却被瑞典人叫作"小气鬼"。有人这样描述他：至今仍然开着一辆有着15个年头的旧车；乘飞机最爱选的是"经济舱"；日常生活一般都买"廉价商品"，家中大部分家具也都是便宜好用的家具；他还要求公司员工用纸时不要只写一面。

从这些一个个"小气"的细节中，我们可以看出坎普拉德崇尚节俭的品格。在公司内部提倡节俭，他是当之无愧的"节俭"带头人，已经成为全公司上下学习的典型。节俭是一种美德、一种责任，是一种让人自豪的行为、一种律己的行为。

三、郑周永：喝咖啡浪费外汇

现代集团创办人郑周永是韩国首富，虽腰缠万贯，生活却异常节俭。他在创业时曾以"喝咖啡浪费外汇"为由，告诫部下要勤俭节约。他曾经为了省下更换鞋底的费用，给自己的鞋底钉上铁掌。至今，他家中用的电视机还是20年前的老式电视机，而他仍穿着20世纪70年代穿过的工作服。

四、李嘉诚：不浪费一片西红柿

李嘉诚在生活上不怎么讲究，皮鞋坏了，李嘉诚觉得扔掉太可惜，补好了照样可以穿，所以他的皮鞋十双有五双是旧的；西装穿十年八年是平常事。他坚持身着蓝色传统西服，佩戴的是一块价值26美元的手表。

一次，李嘉诚在澳门参加一个招待会。宴席快结束时，李嘉诚看到他桌上的一个盘子里剩下两片西红柿，就笑着吩咐身边的一位高级助手，两人一人一片把西红柿分吃了，这个小小的举动感动了在场的人。

五、"抠门"的李书福

在吉利集团董事长李书福身上，最著名的是他那双鞋。一次在接受采访时，李书福曾当场把鞋脱下，表示这双价格只有80元的皮鞋为浙江一家企业生产，物美价廉，结实耐用。

他还边展示自己的鞋子边说："今天太忙没有擦亮，擦亮是非常漂亮的。"其实这双鞋已经穿了两年了。接着，他拉着自己的衬衣问旁边的助理："咱们的衬衣多少钱？""30元。"助理回答。"这是纯棉的，质量很不错。"李书福说道。

据吉利内部人员透露，他们很难见到李书福买500元以上的衣服，让秘书去买西装时，他总是特别强调要300块钱一套的。平时，李书福也总穿一件黄色的夹克，在厂区干脆就穿工作服，好像就只有一套稍好点的西服，是他在非常重要的场合才穿的形象服。

六、王永庆：吃自家菜园的菜

王永庆是台塑集团创始人，个人资产多达430亿人民币的他生活非常简朴。他在台塑顶楼开辟了一个菜园，母亲去世前，他吃的都是自己种的菜。生活上，他极其节俭：肥皂用到剩下一小片，还要再粘在整块上用完为止；每天做健身毛巾操的毛巾用了27年。

省钱绝对不是小家子气，财富中的很大一部分是省出来的。

精致生活一样可以省出来

某校有一个从遥远的地方来的青年，据说，他要是回一次家，得先坐火车，再坐汽车，之后是马车，之后是背包步行……总而言之，他的家是常人无法想象的遥远。

　　一个黄昏，他讲了他母亲的故事。这是一个在困窘环境中生活着的瘦削美丽的母亲，她经常说的话是："生活可以简陋，但却不可以粗糙。"她给孩子做白衬衫、白边儿鞋，让穿着粗布衣服的孩子们在艰辛中明白什么是整洁有序。他说，母亲的言行让他和他的兄弟姐妹们知道，粗劣的土地上一样可以长出美丽的花。人们终于明白，为什么那个养育他成人的窑洞里，会走出那么多有出息的孩子。

　　和这名青年同一寝室的一位朋友，是富裕家庭里的"宝贝"。他的父母生了5个孩子，只有他一个男孩。他来上大学，他的母亲一下子给他买了10套衣服，可是，没有一件被他穿出点儿模样来。他总是把衣服随随便便地一扔，想穿了就皱皱巴巴地套上，头发总是在早晨起来变得"张牙舞爪"，怎么梳都梳不顺。他最习惯说的一句话是："一切都乱了套。"他总也弄不明白，住对床的室友，怎么每一天的日子都过得有滋有味。他的床上，横看竖看都很乱，而对面那张床，洗得发白的床单总是铺得整整齐齐。

　　那个窑洞里走出的青年，就这样在大家羡慕的眼神中读完了大学，带着爱他的姑娘，到一个美好的城市过着美好的生活。

　　要拥有精致的生活，当然"随便"不得，追求高品质是每个人的生活目标，但高品质不等于高消费。我们既要自己高兴又不能让钱包不高兴，其实合理、精明的消费完全可以经营出高品质的生活。

琳琳在结婚前装修了房子,那套美丽的新房给人的感觉是投掷万金,而她并不否认自己花费颇多,但也不无得意地说自己狠狠赚了一把。概括她的原话,大意便是:会花钱就是赚钱。此话怎讲?

原来,琳琳个性独立,创意颇多,在装修前她先是列了一份详细的计划书。不像其他人装修房子时,总将一切包给装修队,然后花上几万元落个省事清静,有空时才充当监工角色做一番检查。琳琳是将这装修当成工作的一个重要调研项目来完成的。从选料选材、看市场,到分门别类挑选工人,她足足花了两个月的时间。最后,这个新房的装修花费总价只有广告上最便宜的价位的一半!

琳琳的喜悦不单单是省了这笔本不可少的开支,更大的价值是在于完成一个自己全身心投入的工作所带来的满足感。这之后的成就感同样加倍而来:闺中密友、邻居、客户纷纷前来取经,都抢着要研究那份详细的计划书。

精致的生活从服饰上可以看出来,服饰并不是新潮就好,合理搭配适合自己的才最好。

除了装修房子,琳琳也是个穿衣打扮的高手。在穿衣上既能穿出花样,又讲究经济实惠:花 1/3 的钱买经典名牌,多数在换季打折时买,可便宜一半;另 1/3 的钱买时髦的大众品牌,如条纹毛衣等,这一部分投资可以使你紧跟时尚潮流,形象不至于沉闷；最后1/3的钱花在买便宜的普通服饰上，如造型别致的T恤、白衬衫、运动夹克，完全可以按照你自己的美学观去选择。有时一件普通的运动夹克，配上名牌休闲长裤，那种"为我所有"的创造性，才是最能显示眼光及品位的。

有条件就要过精致一点的生活，这是一种品位，是一种格调。但是不能将精致生活同高消费、奢侈品等同起来，精致生活除了用心打造，更主要的是用心去经营。

高品质不等于高消费，只要懂得精明的消费，花少量的钱也可以经营出高品质的生活。

▎量入为出，学会过"紧"日子

正常情况下，个人的支出取决于他所能得到的收入，而个人的财富多少，又取决于他的支出。收入是"源"，支出是"流"，想要积累财富，第一守则就是要量入为出，它也是消费"金律"。

为什么要量入为出？因为违反这一规则的直接后果有两个：

一、没有稳定积累的资本

你每天都期盼着成为富人，却没有积累下一分钱的资本，这不是很矛盾吗？财富梦若以这样的情况做背景，怎么可能实现呢？

量入为出，就是为了积累资本，就是为了更快地拥有财富。在你所能控制的范围内，只要能省下钱，哪怕只积累一点点都是你无尽财富的开端。

二、背负不必要的债务

一旦超过了量入为出的界限，你就不得不承担一些债务。于是，在每次你拿到自己的工资的时候，首先要还债，可是还完债，到了月底又不够用，还要继续借债……

背负这些债务，你还能快乐得起来吗？你一时的挥霍，可能几个月都要过着因此导致的紧张日子。更不要说实现财富梦想，一日三餐都可能成为你每天早上一起床就觉得头痛的问题了。

一个人为了眼前的快乐，突破自己收入的底线，结果就是一段较长时间的不快乐。如此不等价的交换，根本不是理财者想要的结果。无论什么人，若想要以后能过上富足的生活，就必须要克制住自己的欲望，必须从量入为出做起。那么，如何做到量入为出？

一、以入为出

仔细考虑自己的收支情况，列出财务计划，设定自己想要的目标。

二、计划消费

每次在消费之前，看一下自己的财务状况，要有计划地消费，让支出的金额在自己的控制范围内。

三、绝不轻易借债

要时不时地提醒自己收支的底线，绝不能轻易去借债。

四、每月提前预存一部分

每次拿到自己的收入后，要尽快到银行先预存一部分，一旦你手头的钱花光了，至少银行里还有一些积蓄。

量入为出，对任何人来说都不是苛求。做到量入为出，你也就掌控了自己的消费，掌控了自己的欲望，掌控了自己的财富！

收支平衡，是家庭经济平稳的基础。量入为出，精打细算过好滋润的小日子。

省钱与格调不冲突

生活艺术一般来自一些小细节，能够从生活细节中发现美的人是最可爱的。生活可以很平淡、很简单，但是不可以缺少格调。聪明的人，必定懂得从生活的点滴琐碎中，采撷出五彩缤纷的生活格调。让生活过得更有格调，日子过得更有情调，这与金钱的多少无关。

罗静出生在一个普通家庭，俭朴的生活环境造就了她的生活智慧。虽然大学毕业后只找到了一个很平凡的文职工作，但她并不抱怨命运，她工作认真踏实，与同事相处融洽。有同事给她介绍了一个对象，这个男生对她不错，但他同时也喜欢另一个家境很好的女生。在他眼里，她们都很优秀，他不知道应该选谁做妻子。有一次，他到罗静家玩，发现她的房间非常简陋，没什么像样的家具。但当他走到窗前时,发现窗台上放了一瓶花——瓶子只是一个普通的水杯,花是在田野里采来的野花。就在那一瞬间,他下定决心,选择罗静作为自己的终身伴侣。促使他下这个决心的理由很简单,罗静虽然穷,却是个懂得如何生活的人,将来无论他们遇到什么困难,他相信她都不会失去对生活的信心。

任琪是一个喜欢时尚的白领,爱穿与众不同的衣服,但她很少买特别高档的时装,服装又穿得很时尚,所以同事们都很羡慕她。原来她找了一个手艺不错的裁缝,自己到布店买一些不算贵但非常别致的料子,自己设计衣服的样式。在一次清理旧东西时,一床旧的缎子被面引起了她的兴趣——这么漂亮的被面扔了怪可惜的,不如将它送到裁缝那里做一件中式时装。想不到效果出奇地好,她的"中式情结"由此一发而不可收:她用小碎花的旧被套做了一件立领带盘扣的风衣;她买了一块红缎子稍稍加工,就让那件平淡无奇的黑长裙大为出彩⋯⋯

孟菲是个普通的职员,过着很平淡的日子。她常和同事说笑:"如果我将来有了钱⋯⋯"同事以为她一定会说买房子、买车子,而她却说:"我就每天买一束鲜花回家!"不是她现在买不起,而是觉得按她目前的收入,到花店买花有些奢侈。有一天她路过天桥,看见一个人在卖花,他身边的塑料桶里放着好几把康乃馨,她不由得停了下来。这些花一把才5元钱,如果是在花店,起码要15元,她毫不犹豫地掏钱买了一把。这把从天桥上买回来的康乃馨,在她的精心呵护下开了一个月。每隔两三天,她就为花换一次水，再放一粒维生素C，据说这样可以让鲜花开放的时间更长一些。每当她和孩子一起做这一切的时候，都觉得特别开心。

生活中还有很多像罗静、任琪、孟菲这样懂得生活艺术的女人，她们在平凡的生活细节中品味着丰富多彩的生活情趣。当然，享受生活并不需要太多的物质支持，因为无论是穷人还是富人，他们在对幸福的感受方面并没有很大的区别。女人可以通过摄影、收藏等业余爱好培养生活情趣。开家庭聚会、做家务，都可以为我们的生活带来无穷的乐趣与活力。

省钱并不意味着一定要过水深火热的生活，只要懂得经营，省钱与格调并不冲突。

享受不花钱的满足

很多收入不高又爱时尚的人总是很苦恼，想让自己更出众，却只能在钱包里那可怜的几百元生活费上打主意，穿到身上了，肚子岂不是要忍受痛苦的折磨？总之，不是精神折磨，就是物质折磨。其实时尚并非有钱人的专利，只要你善于挖掘生活的情趣，即便不伤害你的钱包，也能享受到很大的满足感。

一、享受闲逛的乐趣

小露是一个在校大学生，追求时尚，爱打扮。作为学生，每个月只有那有限的几百元生活费，几乎没有多余的钱来买衣服。

还好轻松的大学生活让她有足够的空闲时间可以利用，聪明的小露经常出个小主意，带领宿舍的姐妹们不花钱也能享受满足感。

小露说："新款式的衣服出来了，看着别人穿很羡慕，又好看又时尚，再看看价格，哎呀，那么贵，怎么办呢？跑进商场，找到那件衣服在自己身上试穿，我想怎么穿就怎么穿，穿够了再出来，也把自己的虚荣心给满足了。"

这招高吧？其实在购物中心，你会感到自己活在一大堆名牌里，在这个巨大的屋子里满是衣服，在那里你可以尽情地试穿喜欢的衣服。化妆品柜台总是有些吸引顾客的免费试用活动，一般不要拒绝这种邀请，抹一点名牌护肤品在手背上，或者在身上喷洒一点香水，心情马上就愉悦起来了。

二、以物换物更新鲜

从网上看到有以物换物的方式既可以省钱又能满足需要，小露她们开始也觉得挺好玩，找一个大家都在的星期天，拉上窗帘，翻箱倒柜找出遗忘在角落的衣服，相互试穿，这时大家就像在逛商场，挑选自己需要的衣服，然后相互给出建议，哪件衣服谁穿上合适就拿去穿。周一的课堂上，姐妹们突然改变的装束吸引了同学们羡慕的目光。

这样一来，既省去大家购买新衣服的花销，又减轻了衣柜的负担。其实那些旧衣服对于你来说正想给它们找个出路，对于你的朋友来说这些衣服却可能是她们一直想要买的。这种以物换物的方式能带来快乐，还能获得成就感，不花一分钱得到自己喜欢的东西，满足感与逛商场一样，还克服了乱花钱的毛病。

三、不带钱包的好处

作为白领一族的张勇闲逛街时一般不带钱包，只带身份证和应急的乘车零用钱，如果看中了必须买的东西，再回家取钱，这样一来，让自己也有一个冷静的过程，或许购买欲望就不再那么强烈了。

一次，张勇在西单商场看到一款休闲运动装打5折，才500多块，真划算，于是他马上回家取钱。坐上车，张勇满脑子都是那件衣服的样子。张勇想：那套休闲装好像是去年的旧款了，是不是已经过时了？到了家，他看到前几日买的一本关于服饰的杂志，一直没来得及看，不如看看杂志，提高一下审美，再去买适合自己的衣服。于是，冷静下来的张勇就省下了那件衣服的钱。

四、小心思也别致

不管什么品牌的衣物，也不管怎样高档，都会有一个由新变旧的过程。比如心爱的牛仔裤被剐了一个洞；那件漂亮的上衣掉了一颗纽扣；最喜欢的白色连衣裙不小心弄上一块洗不掉的油渍……对这些需要处理的衣物也许你感到头疼，一时冲动就打算扔了，其实你只需要动动脑筋，花点心思，就可以让你的旧衣物焕然一新。

如果牛仔裤破了一个洞，那么你可以到修补衣服的小店买一块带花的布在洞处粘上或者缝上，这时，你会发现这件衣服的另一种美；如果不小心弄丢了一颗纽扣，也找不到买衣服时的备用扣,你可以试着将全部的扣子都换成其他更时尚的纽扣,这些小小的变动,可能会让你的衣服增色不少。

其实,时尚并不是财富的专利,只要你心思灵活一些,同样可以在有限的钱财资源下,享受最大的时尚境界。

训练自己变身"用钱达人"

元元最近要搬家,在整理屋子时,居然找出了8件基本没穿过的时装和9个基本没用过的漂亮包包,还有7双只穿过两三次的鞋,有的鞋连商标都还在。这些东西被遗忘在衣橱角落的时间之久远,元元自己都很惊讶,她根本记不起自己到底何时买了这些东西,就更不用说使用它们了。

其实这些东西大多是元元逛商场时经不起店员甜言蜜语的劝说一时冲动买下的,有时是受不了商家打折的诱惑,还有时是自己看走了眼……买回来之后,她却发现这些物品没有什么用武之地,所以只好将它们"打入冷宫",后来渐渐遗忘了。虽然现在扔掉这些物品元元觉得确实可惜,不过为了减少搬家的负担和麻烦,也只好忍痛割爱了。

如果我们想生活过得舒适、健康,那么我们就不得不管好我们的钱袋子,使我们的钱花得合理。如果我们没有计划,没有节制地去花钱,即使我们有金山银山,也不够我们挥霍,更何况我们没有呢？所以，我们要训练自己变身"用钱达人"。

工薪族的收入是非常有限的，辛辛苦苦一个月，得到的也不过几千块，但许多人消费起来却没有节制，看到喜欢的东西就买，而不考虑自己是否真的需要，于是出现了众多"月光族"。他们时常因为没钱花而愁苦不已。如果我们想不再"月光"，就得开始自己的理财之路，量力而行、全面安排、精打细算、讲求实效，克服消费的盲目性、随意性和狭隘性，克服爱慕虚荣、摆阔、攀比和超前消费的毛病。那么如何才能不再傻傻地花钱，变身"用钱达人"呢？

一、不能一味地贪图名牌

名牌通常代表高质量、高品位，穿在身上也会使人对你刮目相看。如果我们为了追求产品的质量而购买一些名牌是可取的，但是如果我们一味地追求名牌，全身穿的都是名牌，借此来炫耀阔绰或追求名牌带来的其他什么效应，以求得到心理上的满足，而不顾个人消费能力，那就是非常地不理智了。

二、控制贪求廉价的心理

我们很多人遇到价格低廉的商品，不管自己需不需要，先买了再说，追求购买时的一时心理满足，贪一时之便宜，结果花了很多钱却没得到什么好处。

另外，现实生活中，常见到这样一种现象：许多人，特别是一些青年白领，在买东西的时候，仅凭自己的一时冲动，想买什么就买什么，兴致勃勃，充分享受了购物的乐趣，但是买回家后，就后悔了，不是嫌价钱贵，就是感到质量不好，或者根本就不适用。

三、不要过度消费

我们当中有很多人贪图着一时的享受，而不顾自己承不承担得起，疯狂消费，结果却使自己陷入极大的困境之中。之所以会产生那些消费陋习，是因为我们不清楚自己需要什么，只是根据自己的兴趣而消费，导致消费过度。所以，我们在消费的时候，要有针对性，知道自己需要什么，制订购物计划，不要超出预算，即使遇到自己很想买的东西也不要买。

白领江婷喜欢看时尚杂志，但书报亭里各色杂志琳琅满目，价格不菲，一个月买下几本就是一笔不小的开支。于是，江婷找来志同道合的姐妹们，每人买一本，大家轮流看，不仅省钱，还有了谈论的话题，增进了感情。最近，江婷又与不同的朋友拼起了美容卡、健身卡，办一张卡要几千元，两三个人"拼卡"轮流使用，省了钱，又让这些卡"物尽其用"。

如果自己实在想要某样东西，我们也可以约上志同道合的朋友一起合购或者一起拼购，像江婷一样约上姐妹们一起购买，然后大家互相分享，这样，大家都可以享受到少花钱、多享受的消费机会。

小思是一名年轻主妇，由于家庭日常生活都由她来支配，所以大到大宗电器，小到生活用品，她都会办理会员卡进行积分，而且能刷卡则刷卡，这样信用卡也有相当多的积分。年终，所有商家都有会员回馈活动，小思的积分往往都能帮她换回理想的东西，很划算。

真是强中更有强中手，生活中的智慧无处不在啊。原来还有比拼购更厉害的，就是不带钱的裸购。当前，为了聚拢消费者，商家越来越重视对会员的维护，年底的优惠活动更是层出不穷，辛苦付出一年的消费者也别客气啦，赶紧看看自己的积分能换点什么礼物吧！

最关键的是我们要有自己的主见，不随波逐流，盲目地模仿别人，听别人说什么就是什么，别人流行什么我们就必须得跟着买什么。我们既要清楚自己的实际情况，也要拥有自己的鉴别能力。很多时候，我们并没有购物计划，但是我们看到某种商品的广告或者进行的促销时，我们就蠢蠢欲动，这样就打乱了我们的购物计划。所以我们在购物之前，一定要想想自己需不需要，如果不需要，或者可要可不要，即使别人疯狂抢购，我们也不要盲目跟风，不能因为一时冲动而购物。

要知道，生活需要金钱，幸福也需要一定的金钱作为基础。只有我们买"需要"的东西，控制好我们的消费欲望，让我们的钱花得合理，我们才有可能过上幸福的日子。会用钱的人，一般来说，会比身边的人更有"福气"！

第二章

购物省钱
——用一分钱买两分货

把你的每一分钱用到实处

两个开发商,一个在城东开发圆梦花园,一个在城西开发凤凰山庄。

一年后,总投资十个亿的圆梦花园建成了。60栋楼房环湖排列,波光倒影,清新雅静,真如花园一般。不久,凤凰山庄也竣工了。60栋楼房依山而筑,青砖红瓦,绿树掩映,确实是理想的居住地。

圆梦花园首先在电视上打出广告,接着是报纸和电台,它打算投资一百万元做宣传。凤凰山庄建好后也拿出一百万元,不过没交给广告公司,而是给了公交公司,让公交公司把跑西线的车由每天的10班增加到每天50班。一年过去,凤凰山庄开始清盘,圆梦花园开始降价。

现在去凤凰山庄的车每天很繁忙,几乎每3分钟就有一辆。坐这条线路上的车,可以得到一张如公园门票大小的彩色车票,它的正面是凤凰山庄的广告,反面是一首七言绝句唐诗,这种车票每周一换。据说,凤凰山庄有个孩子在车上背了400多首唐诗,最少的也背了50首。前不久,圆梦花园向银行申请破产,凤凰山庄借势收购。从此,市区又多了一条车票上印有宋词的线路。

居家过日子，同样的钱，会买和不会买相差很多。这里就存在一个如何花钱的问题。你希望你的资金得到最大限度的利用吗？只有在恰当的时间买到合适的物品才能说是钱花对了地方。

要想做到把钱花在刀刃上，那么对家中需添置的物品就要做到心中有数，经常留意报纸的广告信息。比如，哪些商场开业酬宾，哪些商场歇业清仓，哪里在举办商品特卖会，哪些商家在搞让利、打折或促销等活动。掌握了这些商品信息，再有的放矢，会比平时购买实惠得多，如果你没有事先准备，想想你口袋中的钱，还能办什么事？

要培养节俭的习惯，但同时也要注意绕开节俭的沼泽地。"小处节省，大处浪费"，还有许多家喻户晓的谚语都说明了错误的节约不仅无益反而有害的道理。

有些人浪费了大量的时间，用错误的方法节省了不该节省的东西。曾经有个老板制定了这样一条规矩，要他的员工不顾一切地节省包装绳，即使要耗费大量的时间也在所不惜。他还要求尽量省电，而昏暗的店面让许多顾客望而止步。他不知道明亮的灯光其实是最好的广告。

你不能以遏制心智的发展和能力的提高为代价来拼命节约，因为这些都是你事业成功的资本和达到目标的动力，所以不要因此扼杀了你的创造力和"生产力"。要想方设法提高你的能力和水平，这将帮助你最大限度地挖掘你的潜力。把钱花在最需要的地方，其他的问题就能轻松解决了。生活中到处都需要我们花钱，而口袋里的钱是不变的，只有把钱花到最合适的地方，才能达到"物尽其用"。

把钱花在最需要的地方，试一试，结果会大不一样。

一个人能拿得出10到15块钱参加一次宴会，这本身并不是什么问题。他可能为此花掉了15块钱，但他也许通过与成就卓著的客人结交，获得了相当于100块钱的鼓舞和灵感。那样的场合对一个追求财富的人常常有巨大的刺激作用，因为他可以结交到各种博学多闻、经验丰富的人。在自己力所能及的情况下，对任何有助于增长知识、开阔视野的事情进行投资都是明智的消费。

如果一个人要追求最大的成功、最完美的气质和最圆满的人生，那么他就会把这种消费当作一种最恰当的投资，他就不会为错误的节约观所困惑，也不会为错误的"奢侈观念"所束缚。

英国著名文学家罗斯金说："通常人们认为，'节俭'这两个字的含义应该是'省钱的方法'，其实不对，节俭应该解释为'用钱的方法'，也就是说，我们应该怎样去购置必要的家具，怎样把钱花在最恰当的地方，怎样安排在衣、食、住、行，以及教育和娱乐等方面的花费。总而言之，我们应该把钱用得最为恰当、最为有效，这才是真正的节俭。"

把你的每一分钱都用到实处，这才是真正的节俭。

只买需要的，不买想要的

现在的商品琳琅满目、种类繁多，精明的商家又花样百出，喜欢用大幅的海报、醒目的图片和夸张的语言吸引你，时时采取减价、优惠、促销等手段，有时特价商品的价格还会用醒目的颜色标出，并在原价上打个×，让你感到无比地实惠。这让很多人都在这种实惠的假象中误把"想要"当"需要"，掏钱购买了一大堆对自己无用的东西。

如果你面对诱惑蠢蠢欲动，但是又发现物品的价钱超出你的承受能力，那么你应该分析"想要"和"需要"之间的差别，并在购物时提醒自己要坚持一个原则，那就是只买需要的，不买想要的。

把钱和注意力集中在有意义的或是有用的东西上才值得，如果是真的需要，那么可以在其他支出方面节省一些，在你的预算范围内，还能抽出钱来购买所需的东西；如果只是单纯的"想要"，想一想那些因你冲动购买而仍被置冷宫的物品吧，你还要再犯相同的错误吗？

其实，人们对物品的占有欲与对物品的需求没有什么关联，你可能并不是因为需要某样东西才想去拥有它。此时不妨先冷静一下，转移注意力，当你隔几天再回头看时，说不定发现你已经不想要那个东西了。这样，尽管你买的东西比想要的少，但是能收益更多，并逐渐养成良好的消费习惯。

圣地亚哥国家理财教育中心提出了"选择性消费"的观念，就像下列情况，你不应该对自己说："我该不该买这东西？"而应该问："这东西所值的价钱，是不是在我这个月的预算内？是否正是我所要花的钱？"换句话说，你要问问自己，这东西到底是不是必须得买的，而不是仅仅告诉自己这笔钱能不能花。

不要误以为这种选择性消费很简单，其实它并不简单，需要我们不断地练习。首先你要给自己一些选择，先列出物品的优先顺序，然后再列出一个购物清单。问问自己，用同样的金额，还可以购买哪些东西？至少去比较三个不同商品的价格、服务和品质，你的消费是可以掌控的，你要远离错误的习惯、冲动或者是广告，你将能够购买真正需要的东西。如果养成了这个习惯，就能够聪明地消费，并存下省下来的钱。

在你养成选择性消费的习惯之前，必须先知道怎么处理你的金钱。通常人们在还没改变消费习惯之前，是不会开始储蓄的。除非你能增加所得，否则要多存一点，就必须少吃一点。为了克服花钱随心所欲的习惯，首先在消费前先问自己几个必要的问题：

一、为什么要买

一般说来，月收入首先要保证生活开支，而后才能考虑发展消费与享受消费。杜绝攀比跟风要贯彻始终，否则，以人之入量己之出，势必使消费结构偏离健康态势，导致捉襟见肘。任何一个人在添置物品之前，尤其是购买那些价值较高、属于发展性需要的大件时，总是会郑重地权衡一下是否必须购置，是否符合我们的需求，是否为我们的经济收入和财力状况所允许。

二、买什么

从生存需求来看，柴米油盐等属于非买不可的物品；从享受性需求来看，美味可口的高档食品、做工考究的精美服饰要与自己的经济实力挂钩；从发展性需求来看，高级进口音响、超平面屏幕彩电、真皮沙发等，虽是生活所需，但也并非"必需"，孩子的教育开支则应列入常备必要项。因此，添置物品应该进行周密的考虑，切不可脱离现实，盲目攀比，超前消费。

三、什么时间去买

买东西选择时机是十分重要的。如在夏天的时候买冬天用的东西，冬天时买夏天用的东西，反季购买往往价格便宜又能从容地挑选。有时有的新产品刚投入市场，属试产阶段，往往质量上还不够稳定，如为了先"有"为快或为了赶时髦而事先购买，就有可能带来烦恼和损失。不急用的物品，也不要"赶热闹"盲目消费，不妨把闲散的钱存入银行以应急，等到新产品成熟或市场饱和时再购买，就能一块钱当作两块钱花，大大提高家庭消费的经济性。

四、到什么地方去买

一般情况下，土特产品在产地购买，不仅价格低廉，而且货真价实；进口货、舶来品在沿海地区购买，往往比内地花费要少。即使在同一地方的几家商店内，也有一个"货比三家不吃亏"的原则。购物时应多走几家商店，对商品进行对比、鉴别，力争以便宜的价格买到称心的商品，只要不怕费精力、花时间。

花钱没有错，花钱可以买到你需要的东西，可以让你充分享受人生。但也不要随心所欲地挥霍，在花钱时先问自己一些问题，时常保持清醒的头脑，从自己的具体情况出发，有选择性地消费，这样，你会享受到更多花钱的乐趣。

面对多种商品以及打折、广告的诱惑，要想控制好蠢蠢欲动的购买欲，就得分析"想要"和"需要"之间的差别，只买需要的，不买想要的。

▎只买对的，不买贵的

一个穷人家徒四壁，只得头顶着一只旧木碗四处流浪。一天，穷人上了一只渔船去当帮工。不幸的是，渔船在航行中遇到了特大风浪，被大海吞没了。船上的人几乎都淹死了，只有穷人抱着一根大木头，才得以幸免于难。穷人被海水冲到一个小岛上，岛上的酋长看见穷人头顶的木碗，感到非常新奇，便用一大口袋最好的珍珠、宝石换走了木碗，还派人把穷人送回了家。

一个富翁听到了穷人的奇遇，心中暗想："一只木碗都能换回这么多宝贝，如果我送去很多可口的食品，该换回多少宝贝！"富翁装了满满一船山珍海味和美酒，找到了穷人去过的小岛。酋长接受了富人送来的礼物，品尝之后赞不绝口，声称要送给他最珍贵的东西。富人心中暗自得意。一抬头，富人猛然看见酋长双手捧着的"珍贵礼物"，不由得愣住了：它居然是穷人用过的那只旧木碗！

故事中，穷人和富翁之所以会有如此截然不同的结局，归根结底是因为这个岛上的酋长对于"最珍贵的东西"这个概念有着和常人不一样的理解。在他看来，珍珠、宝石是最不值钱的东西，而那只旧木碗则是最珍贵的宝物，因此，当富翁用山珍海味款待了他之后，他才会将"最珍贵的东西"献给富翁，以表达自己的感激之情。这里的珍珠、宝石和木碗的价值逆差在经济学中被称为"价值悖论"，用于特指某些物品虽然实用价值大，却很廉价，而另一些物品虽然实用价值不大，却很昂贵的一种特殊现象。

对于"价值悖论"的概念，早在200多年前，著名的经济学家亚当·斯密就在《国富论》中提到过，他说："没有什么能比水更有用，然而水却很少能交换到任何东西。相反，钻石几乎没有任何使用价值，却经常可以交换到大量的其他物品。换句话说，为什么对生活如此必不可少的水几乎没有价值，而只能用作装饰的钻石却有着高昂的价格？"这就是著名的"钻石与水悖论"。如果用我们今天的经济学知识来解释这一现象其实并不是很难。

我们知道，一种商品的稳健价格主要取决于市场上这种商品的供给量与需求量的平衡，也就是供给曲线和需求曲线相交时的均衡价格。当供给量和需求量都很大的时候，供给曲线和需求曲线将在一个很低的均衡价格上相交，这就是该商品的市场价格。

比如说水，水虽然是我们生活中必不可少的一种商品，但它同时也是地球上最为普遍、最为丰盈的一种资源，供给量相当庞大，因此，水的供给曲线和需求曲线相交在很低的价格水平上，这就造成了水的价格低廉。相反，如果该商品是钻石、珠宝等人们生活需求不是很大的稀缺资源，那么它的供给量就会很少，供给曲线和需求曲线将在很高的位置上相交，这就决定了这些稀缺资源的高价位。通俗地讲，就是物以稀为贵，什么东西见得少了，什么东西不容易得到，那么什么东西就会拥有高价位，这就是价值悖论的根本原因。

那么，价值悖论和理财又有什么关系呢？我们知道，理财包括生产、消费、投资等多个方面，而价值悖论原理在家庭理财中的运用就是针对消费方面来说的，具体而言，就是针对消费中如何"只买对的，不买贵的"这一微观现象而言的。

第一，不要什么东西都在专卖店里买。专卖店里的东西一般来说总是比大型商场或超市里的东西要贵很多，因此，我们要有选择地在专卖店里买东西。对于一些工作应酬必须穿的高档服装或是家电等耐用消费品来说，最好是去专卖店里选购，因为专卖店里的商品一般来讲都有很好的货源和质量信誉保证，因此在售后服务方面会比商场和超市要好一些。但是对于一些无关紧要的生活用品，比如运动鞋、居家服装等就没有必要非要到专卖店里选购了。这样一来，我们就可以为家庭省去很多不必要的开支。

第二，选购电器不要盲目追求最新款。很多商家都会在你选购家电的时候向你推荐一些最新款式或最优配置的商品，这些拥有最新性能的商品由于刚刚上市，往往价格都比其他商品高出许多。这时候就需要消费者对自己的实际需求做一个初步的评估，切不可不顾自己的实际需求盲目追求最新款。尤其是在选购电脑上，除非你是一位专业制图人员或者专业分析软件的行家，否则不要一味地在电脑上追求最新配置。因为电子产品的更新速度简直太快了，或许你今天买的电脑是最优配置，但是明天就会有更新配置的电脑出现在市场上，消费者的步伐是永远赶不上产品更新换代的速度的。因此，我们在选购电子产品或者家电时一定要根据自己的实际需要，选择最适合我们的，而不是最贵、最好的。

第三，特别是女性，在选购化妆品上要结合自身的肤质、肤色和脸形选择适合自己的化妆品，不要盲目追求高档产品。爱美是每一个人的天性，尤其是女人，似乎天生对美丽有着乐此不疲的追求，于是带动了整个化妆品行业的风起云涌。但是，女性朋友们在选购化妆品的时候千万不能盲目神化高档化妆品的功效，而应该先对自己的肤质、肤色、脸形进行鉴定，并根据鉴定结果选择最适合自己的化妆品，确保物尽其用。比如，护手霜有很多种，价位也从几元到几百元不等，但如果你仅仅是想让自己的玉手在冬天仍保持滋润白嫩而不至于干裂，完全可以选择几元一瓶的甘油或者更便宜的雪花膏，根本没必要买几百元的高档产品。

第四，购置房产要量力而行，不要一味追求面积。拥有一套宽敞明亮的大房子是现在很多人的梦想，尤其是对于那些初涉社会的年轻人来说，这更是一个梦寐以求的事情。但是，很多人在购房时都会有这样一个误区，认为房子越大越好。其实，这是一种虚荣的表现，更是家庭理财中的大忌。以一个标准的三口之家为例，选择一套70平方米两室一厅的住宅就已经足够用了，如果按照每平方米5000元的均价计算需要35万元，但如果他们选购的是一套120平方米的住宅，就将多花25万元，这还不包括装修费用、物业费用、取暖费用和打扫房间的时间成本，况且，由于人少，房间并不能得到充分的利用，实际上是一种资源的浪费。因此，我们在买房的时候一定要根据自己的需要买最适合自己的房产。

只要我们时刻将自己的实际需求放在首要位置，恪守"只买对的，不买贵的"的原则，我们就一定能够让财富发挥出最佳的作用来。

理财关键点：只买对的，不买贵的。

消费陷阱，见招拆招

在我们的生活中，处处存在着消费陷阱，我们一定要擦亮眼睛，不要让那些刻意制造陷阱的人有机可乘。

陷阱一：抬价再打折。

田田上周末在某商场看上一双长靴，刚到膝盖的长度、镂空的花纹、中性的鞋跟设计，正是自己心仪已久的款式。田田一见商场在搞岁末促销，不由得心动，虽然后半个月手里只剩下1000元钱，但她还是狠狠心买下了这款打折后800多元的长靴。

三天后，田田陪好友到其他商场，看见同一款靴子价格竟然比自己买的时候便宜了100多元，店员说这个活动已经在所有专卖店搞了近一周了。田田听了后悔不已，想去换鞋，可自己已经穿了三天，也找不到适当的理由。

见招拆招：人为制造卖点已经不是什么稀奇的事情，消费者遇到这种情况时一定要保持冷静。

应对措施：

按照个人的需求和经济条件来选购商品。

货比三家。

陷阱二："免费"不免。

吴先生反映，自己好好的身体在一家检测身体微循环的免费摊位前被忽悠成了内分泌失调。摊主一通乱侃，最后向吴先生推销他们几百元一个疗程的保健食品，吴先生想方设法摆脱摊主的纠缠，逃也似的离开了该摊位。之后吴先生还不放心地去体验中心认真检查了一遍。

见招拆招：为推销产品，商家可谓花招迭出，打着"义诊"和"免费咨询"旗号把产品吹得神乎其神，特别是一些中老年人很容易走进陷阱。像商场中免费测试的柜台，在那里检测身体，没病也得被说成大病。

应对措施：

保健品属于食品，但不具备治病功效，不要被商家迷惑。

对承诺先购买保健品，再"实行返款"的商家要特别警惕。

不要光顾免费摊点。

陷阱三：网上消费"钓鱼"。

老张说，自己曾当了回"大鱼"，让网上卖家放长线给卖了。事情是这样的：老张看上了一款手机，由于早已是此店的熟客，因此他下意识地将钱直接打到了店主账上。

见招拆招：网上不法分子惯用的行骗伎俩是伪造各种证件和身份以骗取网民的信任，在网页上以超低价商品或优惠的服务广告"钓鱼"，先以少量的商品和费用将客户套住后反复地敲诈，当钱财到手后立即销声匿迹。

应对措施：

不要轻信广告和贪图便宜。

不论与卖家是否熟识，购买大件商品或进行大额交易，应采取货到付款方式，并且要在当面验货和检查相关凭证以后再给钱。

陷阱四：短信服务"中大奖"。

网友木头苦于手机被短信小广告轰炸。木头用的是全球通的号码，据他说，估计自己的号码十有八九被泄露出去了，什么装卫星电视啊，你刷卡消费了，你收到祝福点歌了之类的短信，每天都能收到十几条。最可恶的就是夜里两点多，小广告还在孜孜不倦地发着。

见招拆招：至今仍有个别的运营商以免费服务、祝福或点歌、"中大奖"等为诱饵，骗取消费者的钱财。

应对措施：

当出现陌生者的短信时，要有所警觉，若贸然回复就正中了不法运营商的奸计。

在接到"中了某项大奖"的告知时要坚信"天上不会掉馅饼"。

碰到确实需要的信息服务时，应把服务内容和资费标准都了解清楚后再回复。

要留意查验每月的资费清单，发现问题及时询问或向有关方面投诉。

陷阱五："缩水"低价旅游。

元旦前，旅行社的超低报价和"黄金线路"成为招徕游客的吸引点。赶上旅游淡季，小花表示，在某网站上看到的"一元团"报价确实诱人，但曾经被导游忽悠买了上千元没用饰品的小花决定不再上当了。小化说，虽然团费便宜，但后面还有购物等着你，实际的服务项目和服务质量会大打折扣。

见招拆招：旅行社的报价越低，旅行中的个人额外开支可能会越多，同时交通和食宿的条件也相对较差。

应对措施：

出行前要对组团的旅行社和出游的线路进行筛选和判断。

一旦真的选择了低价旅游，不要因导游的脸色而勉强接受购物，否则，到时候吃亏的还是自己。

商家总是会处心积虑地设计各种消费陷阱，消费时一定要擦亮眼睛，识别出陷阱并见招拆招。

这些消费心理误区你是否也有

消费者在购物过程中，对所需商品有不同的要求，会出现不同的心理活动。这种消费心理活动支配着人们的购买行为，其中有健康的，也有不健康的。不健康的我们称之为消费心理误区。为了不过那种上半月富人、下半月穷人的尴尬生活，为了望着一时冲动买回来的无用物而感叹的事少发生，我们要学会花钱，走出消费心理误区，做个聪明的消费者。

一、盲从心理

很多人在购物认识和行为上有不由自主地趋向于同多数人相一致的情况。

盲目追随他人购买，表面上是得到了某种利益，事实却并非如此。很多人都曾受抢购风的影响而买回一大堆东西，事后懊悔不已。消费者的合理消费决策必须立足于自身的需要，多了解商品知识，掌握市场行情，才能有效地避免从众行为导致的错误购买。

二、求名心理

许多人在购物时都容易有求名心理。

名牌是生产者经过长期努力而获得的市场声誉，名牌代表高质量，代表较高的价格，代表着使用者的身份和社会地位。如果消费者为了追求产品的质量保证，或者为了弥补自己商品知识不足而导致购物后的懊悔而选择名牌产品，那是明智的；但如果买名牌是为了炫耀阔绰或名牌带来的其他什么，以求得到心理上的满足，则是陷入了购买名牌的误区。

三、求廉心理

求廉心理在消费者的购买行为中表现得最为突出，其中主要原因是经济收入不太充裕和勤俭持家的传统思想，用尽可能少的经济付出求得尽可能多的回报。

所谓物美价廉，这种想法是不错的，但它也可能产生消极的后果。一方面，求廉心理引导着消费者低水平消费、吝啬消费；另一方面，有的消费者的求廉心理走向极端，购物时永远把价格便宜放在第一位，进而发展为只要是廉价商品，不管有用没用照买不误。所以有求廉心理的消费者在市场上寻求价廉商品的同时，必须考虑商品的实用性和一定的质量保证，否则会得不偿失的。

走出消费误区，你才能做到理智消费。

为了避免消费冲动，我们要学会理性花钱，克服盲从心理、求名心理、求廉心理等消费心理误区。

哪些是错误的消费习惯

想要有精明的理财方法，更想提高生活的品质，就需要有决心、毅力和制订有效的计划，不过欲速则不达，点点滴滴的累积会成为未来可观的财富，在此我们要抛弃以前错误的消费习惯：

一、用循环信用购物

随着社会的发展，经济的进步，越来越多人使用信用卡，但我们有时要避免用信用卡循环购物。大部分信用卡的循环利息介于14%到21%之间，所以信用是很昂贵的。如果一台4000元的电视机用利率15%的贷款买，3年下来会值4900元，也就是说，总价会超过用现金买的约25%。如果一定要用信用卡，将消费的余额越快清偿越好。

二、买个方便

现在省时的速食代价不菲，譬如说，一个知名品牌的冷冻面条，要比同样分量的一般面条贵上二到五倍的价钱。另外，所谓便利商店的东西也是比较贵的，因为他们的货物加成费用也比超级市场里的加成高。如果经常在便利商店购物，一年下来，两者的消费金额相差会有千元以上之多。另外一个高成本的便利服务项目，就是很多旅馆饭店所提供的电话接线生的服务，应该尽量避免使用，不如通过长途电话公司自动拨接的方式打电话来得省钱。

三、冲动的消费

你是不是一个冲动的消费者？如果是，必须先来算算这个习惯的成本。试想如果每一周都冲动地买个价值15元的东西，一年下来得花780元。当然，偶尔还是要慰劳一下自己，但也不要太过分。如果经常有别人陪着购物，并且还鼓励你去买超过预算的东西，那么，最好还是自己一个人去购物。

四、消费的时间不恰当

买刚刚才送到商店里的衣服或当季的货品，是很昂贵的。事实上不久后，价钱就会降下来，特别是在销售情形不佳的季节里。其实可以等到新产品（如计算机等）上市后开始降价时再买，这样也可以替自己省下些钱。

五、买个身份地位

信用卡使用方便，常会使人立即当场就购买商品或服务；有些人在和朋友或亲戚攀比物质生活时，会昏了头。在很多人的心目中，金钱和占有就等于成功。追求身份地位的人，会去买较贵、较好的东西来拥有，要靠家里衣柜的大小或者是衣服的品牌标签，来证明他们比别人更成功。这也是一种欠佳的表现。

六、安慰型消费

有些人则会以花钱作为代价，发泄自己的压力或沮丧的心情，譬如说，他们如果对另一半发脾气，就会跑到最近的购物中心去大肆消费，以作为一种惩罚，发泄心中的郁闷，这是不太可取的。

七、买"错"了东西

货比三家可以省钱,如果你想要买家用器具时,可以参考一下《消费者导报》之类的刊物,其中有各种品牌、形式和等级的说明介绍。有些百货公司自营商品的品质,事实上和某些名牌是同质品,因为它们都是由同一家制造商所制造的。

以上是消费者经常养成的七个错误习惯,因此,我们要吸取以往的经验和教训,坚持将这些错误习惯抛得越远越好。

为了避免我们的钱包缩水,我们要抛弃这些错误的消费习惯:用循环信用购物、买个方便、冲动的消费、消费的时间不恰当、买个身份地位、安慰型消费、买"错"了东西。

怎样消费才是最划算的

海是个白领,月收入不错,却坚决反对浪费,平日里最常挂在嘴边的名言就是:浪费有罪,浪费可耻。大家一同出去吃饭,碗里的饭吃得最干净的是他,将未吃完的饭菜打包带走的也一定是他。海身上的穿戴不乏名牌,但多数是在换季打折的时候买的……诸如此类,但几年前,DV刚兴起的时候,海却花了不菲的价钱买了一部,他说他很想将自己和家人的生活状态记录下来,留作纪念。后来,出国游刚热起来的时候,海又毫不犹豫地带着全家人出国兜了一圈,大开了眼界,按他的话说,这钱只要花得值,就该花!

花钱要花得值,比如说每次去买东西之前都会先想想是否真的需要;上班时一般自带饭菜,既节省又卫生;买水果就去批发市场,要比超市里便宜很多;家务坚持自己做,不请钟点工,既省了钱又可以锻炼身体。其实花钱花得值,与从前人们观念中的吝啬抠门有本质的区别,从前的人们这样做是因为物质匮乏,收入有限,不得已为之,而新节俭主义者是在物质丰富、收入充足的情况下,不该花的钱不乱花,他们不是不消费,而是将钱用在最该用、最值得用的地方。

少一点物质的欲望,过简单却高品位的生活,在不浪费却也不降低生活质量的条件下,用最少的金钱获得最大的愉悦和满足,这样的新节俭主义其实很好。

这是近年来渐渐流行起来的一种生活方式,简言之,就是收入虽然不菲,却精打细算,该消费时消费,该节省时节省,将生活过得五彩缤纷,健康舒适。

好生活不仅是一个目标,而且是一种动力。生产是为了消费,劳动是为了收获。富足和时尚的生活,可以给人带来无比的愉悦和快乐。所以当有能力满足自我的时候,改善生活成为理所当然。比如旅游,比如健身,比如……"新节俭主义"的核心观点是:收入虽然不菲,支出却要精打细算。该消费时消费,该节省时节省。既要将日子过得五彩缤纷,又要摒弃过度的奢华。简言之,就是理性消费,简约生活。但是,也有人认为,"新节俭主义"与时下的扩大内需、拉动消费是矛盾的。真的是那样吗？

很多人是这样理解的——"新节俭主义"与眼下政府努力所做的扩大内需、拉动消费并不矛盾，提倡"新节俭主义"的人群同样支持消费，但他们会把钱花在刀刃上。有很多是想做的，那就要先想清楚，哪种需要是最急需解决的，哪些可以先放一放。只有找准了生活的支点，才能撬起自己最大的快乐。

简而言之，最划算的消费可以从以下几个方面开始做起：

一、吃不穷，穿不穷，计划不周要受穷

20世纪五六十年代时，家庭能做到收支平衡就很不错了。当时大家常年记流水账，每月开支后第一件事就是把房费、煤气费、水电费和孩子的学费拿出来，其他的便用于日常支出。到了月底如果出现赤字，就从账目上查找，如果有节余就适时地改善一下生活。现在生活富裕了，我依然记账，这已经变成一种习惯、一种生活乐趣了。

二、不浪费、低碳生活也是理财的一种

比如利用"冰箱贴"的方法防止遗忘，提示冰箱里储存的食品，减少开冰箱的次数，省电不说，还吃新鲜东西。另外，把节日收到的礼品都做详细的登记，名称、种类、保质期一目了然，吃不完的就给别人。还有将衣服攒在一起用洗衣机洗，衣服少就用手洗，既省了水又锻炼了身体，还符合现在的低碳生活。

三、时尚、时髦的东西可以尝试，但不贪婪

很多人在当初进入股市的时候还没有电脑，大家都聚集在大厅里看盘。经过自己研究后，在股价低的时候买入，稍微赚一点就抛掉，几年下来也能赚一万多块。多数人的经验是不要轻易相信股评专家的说法，至少不要不假思索地相信，要自己分析思考，还要克服恐惧和贪心的心理。

四、购物利用"时间差"

"买100送20，买100送40，满500就有好礼送，全场货品一律8折，有会员卡还可以享受折上折……"什么物品都打折，似乎你捡了个大便宜，于是，你每天都能买回一大堆商品。

如今的商场就像在进行降价购物大比拼，这对于消费者自然是件好事。但如果因为便宜而买回很多并不需要的东西，好事可就成坏事了。聪明的消费者应该善于打时间差，就拿女人十分关心的衣服来说，有些好牌子就一定要趁着刚打折赶快买，因为这种货一般数量有限，不要幻想再等折扣低一些，那时断码严重，估计你除了遗憾就是遗憾。而有一些品牌就一定要等到最后买，这些品牌就等着打折卖货呢，号码永远最全。所以，打个时间差，在合适的时候买你喜欢的东西，这样，既做到了最大限度地节省，也买回了你心仪的东西。

努力工作是为了过得更好，但是消费也要讲究技巧，要选择最划算的消费方式。

如何在超市购买到物"超"所值的东西

现代人工作日益繁忙，超市便成为大众购物极为方便的消费场所，商品应有尽有，能照顾到家人的日常生活所需。不过，如何在琳琅满目的商品中选择物美价廉又不伤钱包的必需品，可就要精打细算一番了！不少人逛起超市来，这也要，那也买，拿的时候掂不出钱的分量，算起账来往往吓一大跳：哇，怎么会花这么多钱！虽说过了把"购物瘾"，但钱包也空瘪了许多。那么，超市购物如何才能物"超"所值呢？

1. 进超市之前好好计划。进超市前最好先制订一个购物计划，将必买品记下来，粗略算一下价格，带上略多的钞票，然后再进超市购物。

2. 如果你是一个平时忙于上班的人，那就尽量将购物时间安排在周末。周末虽然人较多，但商家也因此会推出许多酬宾活动，像特价组合或买二送一等的优惠。商品打折，有的是快到保存期限了，但也有一部分是单纯的促销。像饼干、糖果等零食，若是家人都喜爱的，在看清楚了保存期限后，就可趁特惠酬宾的机会多买几包，这是很划算的。

3. 让眼睛多往货架的最底层扫扫。在逛超市的时候，货架一般都是三层的，你有多少注意力会放在货架的底层呢？经过研究，只有不足10%的人把注意力放在货架底层，60%的人注意中层，30%的人注意上层。对整个零售业来说这可是个绝对重要的信息，全球的超市都在因此而调整自己的货架摆放体系。当商家打算增加销售额的时候，他们会把偏贵的产品放在中层和上层；但他们打算追求最高利润的时候，就把对自己利润最高的商品放在中层和上层。那么货架底层都是什么商品呢？当然都是同类产品里便宜或者对商家来说利润偏低的东西喽！对我们大多数人来说，这其中可不乏物美价廉的好东西。

4.新产品上市的时候，广告过于夸张，购买时一定要小心谨慎，避免买到不实用的东西。若不是知名的品牌商品，就不要因广告所打出的宣传效果而丧失了自己的判断，因为大部分广告都是为了吸引消费者，实质上并不像宣传的那般神奇。对知名品牌的新产品，试试也无妨；但对不知名品牌的新产品，最好还是等得到大众的认可后，再作考虑。

5.购物抽奖应该以平常心对待。超市常常举办一些满多少金额就可以抽奖的促销活动。商家刺激的是购物热情，买家在诱惑之下应保持平常心。买该买的东西，抽个奖、拿个小赠品，当然皆大欢喜，但千万不要为了抽奖而盲目购物，否则最后奖没有抽到，还花冤枉钱买了一堆不需要的商品，这就得不偿失了。

6.在超市买完东西以后，要核对发票，以防无谓的支出。

核对发票是为了避免收银员将所购物品的数量或价格打错而造成的损失。当场核对，发现问题就可以当场解决，省得再跑一趟，也可避免离开柜台就说不清的事发生。

7.我们在享受大超市的"天天平价"的同时，也不能天真地以为这些大超市真的能够给我们带来"件件商品都便宜"的实惠。大型超市里的商品绝不可能样样便宜，而只是部分商品价格便宜。细心留意我们就不难发现，大超市的商品总是轮番打折，今天食品大促销，明天生活用品搞活动。其实，大型超市的平价主要是针对那些顾客比较熟悉的商品、价格感知比较敏感的商品，从而在顾客心中树立大型超市的"平价"形象。部分商品的低价为超市带来了更多的顾客，便能够同时推动促销商品和正价商品的消费。

聪明的你或许早就在生活中发现了这一秘密。因此，我们去大超市消费的主要是食品、日常生活用品等必需品，而大超市中的图书、大家电、服装等并非其主要促销产品，我们还是去该类产品的专营店"淘宝"吧。企业要赢利，大型超市也不例外，为了生存，它不可能什么商品都便宜，对于那些大家还不太了解、还很新奇的物品，在大型超市里的价格并不便宜。

8. 别带孩子逛超市：小孩子生性爱吃爱玩。如果带小孩子去超市，往往会增加许多计划外开支。小孩子一进超市，吃的喝的玩的要买，这就增加了不该有的开支。

9. 尽量少往超市跑：最好定期去超市，1周或半个月去一次。平时把需要购买的家庭必需品及时记下来，然后集中一次购买。逛超市次数越多，花的钱也就越多。

10. 尽量以现金结账。看着钱一张张送出去，你肯定会控制住自己的欲望，以免事后心疼。

11. 早起早省钱。每个超市在早上都有特价商品，绝对让你省钱又满意！

超市购物是每月花销很多的地方，我们可以通过带上购物清单、尽量以现金结账、利用特卖场特价等方式来省钱。

团购：与大家一起集体"抠门"

团购是团体采购的简称，也叫作集体采购，通常是指某些团体通过大批量向供应商购物，以低于市场价格获得产品或服务的采购行为。总体来说，对那些合法经营的商家来说，团购可以使商家节省相关的营销开支，扩大市场占有率；而对个人来说，团购可以节省一笔不小的开支，又省去很多奔波的麻烦，更是求之不得。

某社区曾流行这样一句问候语："今天，你团购了吗？"团购俨然成为该社区居民生活的主旋律，究竟团购热潮从何而来呢？

原来，全球金融危机，中国股市大幅跳水，直接影响到百姓的经济生活。该社区的工作者在辖区走访中发现，居民们普遍反映的是现在收入减少了、投资亏损了等问题。工作者们经过讨论，觉得团购是一个省钱的好办法，便促成了该社区的团购活动。最初，由社区出头联系食品供应商，以优惠价格团购鲜肉、排骨、熟食等商品，然后通知有购买意向的居民。居民们既买到了满意的商品，又节省了开支，对社区这一做法拍手叫好，并且，建议社区扩大团购商品的范围。在居民的强烈要求下，该社区又陆续组织了日用品等系列团购活动。社工们表示只要居民需要，社区就将把团购继续下去。

程程妈是典型的团购女。美国次贷危机，使她在2008年7月来了回团购"初体验"。后来，她决定"将团购进行到底"，"现在，能省一分是一分，降低成本也意味着提高收益"。

自从团购了一回儿童车后，程程妈再也不放过任何团购的机会，她把健身团、QQ群、车友会、网站都利用了起来。当然最常用的还是在网络上，与本土人士集合起来进行团购。

现已成为"骨灰级"团购支持者的她骄傲地说，她家宝宝不管是用的还是吃的，不管是身上穿的还是头上戴的，几乎都是团购来的。程程妈说，团购的价格比市场上低很多，尤其是服装，跟商场卖的一样，都是正品，但价格只有商场的50%甚至更少。"团购的这些东西都是我和宝宝真正需要的。这样更省钱，也能减少开支。"

如此看来，团购还是很有魅力的。我们在采购以下商品时可以采取团购的方式：

一、买房团购很实惠

首先，根据个人情况选择合适的住房团购方式。住房团购的方式有很多，有单位或银行组织的团购，也有亲朋好友或网友们自发组织的团购。

其次,把握好住房团购与零售的差价。一般情况下,普通住宅房团购与零售的差价在200~380元/平方米之间,沿街商业房团购与零售的差价在500~1000元/平方米,并且团购中介机构要按团购与零售差价的10%~20%收取手续费。

最重要的是要警惕住房团购的"托儿"。有些房产团购网是房产公司的"托儿",或干脆是房产公司自办的。

二、团购买汽车,价低又实惠

在这里,我们还是要说一下,团购汽车需要注意的几个方面:

首先,合理选择汽车团购的渠道。汽车团购应当说是团购中最火的一种,不但专业汽车团购公司如雨后春笋般涌现,各大银行也已开始积极以车价优惠、贷款优惠、保险优惠等举措来开拓汽车团购市场;同时,各大汽车经销商也注重向大型企、事业单位进行团购营销。对于老人来说,在决定团购汽车之前只有先了解一下这一方面的行情,才能够选择到适合自己的团购渠道。

其次,要掌握寻找汽车团购中介的窍门。为了方便购车,当然是在当地或距离较近的城市参加团购比较合适。

三、旅游项目也可以团购

如果想外出旅游,先联系身边的同事或亲朋好友,自行组团后再与旅行社谈价钱,可以获得一定幅度的优惠,境内游一般9人可以免一人的费用,境外游12人可以免1人费用,这样算就等于享受9折左右的优惠。同时,外出旅游最容易遇到"强制"

购物、住宿用餐标准降低、无故耽误游客时间等问题，由于团购式的自行组团"人多势众"，这些问题都较容易解决，能更好地维护自身权益。

团购是聪明消费者的游戏，通过团购不仅能节省开支，还能省去很多奔波的麻烦。无论买房买车，还是旅游购物，都可以采取团购的方式。

网购：花最少的钱，买最好的物品

随着网络的普及，更多的人倾向于选择具有价格优势的网购，这使得网络购物交易量不断被刷新，国内一些媒体甚至用"井喷""全民网购时代"等字眼形容目前网购的火爆程度。

网购为什么会受到大家的推崇？最主要的原因在于：网上的东西不仅种类比任何商店都齐全，而且还能拿到很低的折扣，能淘到很多物美价廉的东西。如果上街购物的话，不仅要搭上更多的时间，还需要花费交通费。这样算下来，除去购物费用，成本在几十元到一百元不等。但是这些成本网上购物就可以完全避免，而且只需点点鼠标，等着快递送上门就行了。

在网上总能找到比市场上价格低的商品。在实体店要想找到便宜的东西，至少得"货比三家"，非常麻烦；而在网上，鼠标一点，各种品牌、档次的商品就都展现在眼前，轻轻松松就可以"货比三家"；物品报价基本接近实价，免去不少口舌之苦；购买的商品还可以送货上门，堪称懒人购物首选方式；没有任何时间限制，购物网站24小时对客户开放，只要登录，就可以随时挑选自己需要的商品，还能认识很多来自五湖四海的朋友，省时又快捷。

如果你要购买书籍（最好是对此书有一定了解）、光盘、软件，那么选择网上购物就很合适，可以在家轻松享受服务。在卓越、当当等图书网站上，几乎所有的书都打折出售，有的可以打到5折；而在实体书店里，图书是很少打折出售的。

还有一些著名品牌的商品也比较适合网上购买，而像服装等需要消费者亲自体会穿着效果的商品则不太适合在网上购买。还有很多高档消费品，一般消费者比较慎重，也不太适合在网上购买，因为这类商品需要多方咨询、比较，而网上购物在这一点上就显得不足了。关于付款，可以教给你一个省钱的好方法。目前在网上购物一般是要收取一定的送货费用的，所以进行网上购物不妨和朋友或同事共同购买，一次送货，这样可以节省很多的配送费，而且大家一起买也许还可以享受到网站提供的优惠。

关于二手商品的买卖，本来网络确实是以快捷、免费的特性作为二手商品资讯传递的最佳媒体，只可惜部分网民的道德水准较低，网上二手商品交易中以次充好、滥竽充数的情况时有发生。

如果要通过竞价的方式购买商品，还是先学一学下面几点小经验：

1. 注册时最好不要留家里的电话，怕你被烦死。

2. 在交易前先了解一下卖方的信用度，肯定没有坏处。

3. 如果看中一样东西实在爱不释手，可以直接和卖方用电子邮件联系，告诉他你的"爱慕之心"和你愿意出的价。

4. 如果卖方的介绍不够详细，也可以给他发电子邮件，提出问题；另一个办法是在留言簿上留言，卖方一般都会及时回复。

5. 有的网站有"出价代理系统"，只要在竞买时选择"要代理"，并填入自己的最高心理价位，网站就会自动为你出价，免得你因为无暇顾及而错失良机。

网上的东西不仅种类比任何商店都齐全，而且还能拿到很低的折扣。网购能够淘到很多物美价廉的东西，能为我们省下一笔不小的开支。

拼购：爱"拼"才划算

物价日日看涨，却不想降低生活品质，该如何以有限的收入实现足金足量的生活品位？现代都市中，三五成群地搭伙吃饭、打的、购物等成了很多年轻人首选的生活方式，"拼一族"以"拼消费"践行着精明而时尚的生活理念。

拼购，对于大家来说，已经不是那么陌生了，共同使用各种卡，如不限于个人使用的美容卡、健身卡、公交卡、VIP卡等。根据金额各人分摊费用，避免了一次支出一大笔钱，防止用不完浪费。

白领江小姐喜欢看时尚杂志，但书报亭里各色杂志琳琅满目，价格不菲，一个月买下几本就是一笔不小的开支。于是，江小姐找来志同道合的姐妹们，每人买一本，大家轮流看，不仅省钱，还有了谈论的话题，增进了感情。最近，江小姐又与不同的朋友拼起了美容卡、健身卡，办一张卡要几千元，两三个人"拼卡"轮流使用，省了钱，又让这些卡"物尽其用"。

借着商场名牌促销机会，展开拼购，既能得到价值上的实惠，还能获赠一些礼品。在写字楼上班的李睫就有一次成功的拼购经历。当时玉兰油推出了"买880赠6件套"的活动，李睫约上同事，各自列出所需，每人买了600元左右的商品，不仅得到了6件套赠品，还得到了加送的书包。李小姐表示，如果两个人分开购买，就什么礼品也得不到了，而且赠品非常实用。

拼购的另一种方式是"拼券"。

周欣在北京某国际大厦上班，京城商家频频采取"购物返券"的促销活动让她心动不已，"有时为了凑足返券的金额，还要多买一些没用的物品"。直到有一次，她攥着一把券花不出去，正在服务台一筹莫展，遇到一位咨询换券问题的女士，两人一拍即合：周欣购物总计1000元，得返券1000元，便以500元的价格将手中的1000元返券转让给那位女士，那位女士用券购买自己所需的商品。事后，周小姐总结，通过这种方法，两个人都以接近5折的价格买到了自己所需的物品，还节省了购物的时间。

拼购最大的益处便是能够花更少的钱享受更好的消费服务。

这种"拼"是出于降低消费门槛的目的而形成的，通过分摊"门槛费"，从而降低个人消费的下限。这种"拼"的现象可以比喻为超小型团购，通过增强小集团购买力来获得高于单个人消费可以得到的利益，这种"拼购物"的方式也因此在现在的社会中越来越多……

"拼"重节约也重交流。喜欢"拼"的李婷说，"拼一族"进行的各种"拼消费"，提供了一种节约的形式，在追求高品质生活的同时又省了大把的钱。你可以因"拼车"而节省50%以上的车费，也可以因"拼饭"而多尝几倍于自己餐费的美味，而大家在"拼"的过程中，分享了很多快乐。"这是一种聪明的生活理念，'拼'得让人愉悦。"公务员印小姐说，快节奏下的现代都市人，在被纳入一个"朝九晚五"的生活定式中后，渴望交往与友谊。对蜗居在高楼大厦中的城市精英来说，即使每天都能在电梯里相遇，也很难给彼此一个深入交谈的借口。"拼生活"的出现，让有相似背景和共同兴趣的人聚集起来，促进了人际的沟通和交流，也拓展了都市人的生活圈子。

拼购最大的益处便是能够花更少的钱享受更好的消费服务，我们可以利用这种方式来过更优质的生活。

第三章

饮食省钱
——花钱少，吃得好

花钱少,也能享用美食

民以食为天。随着生活水平的不断提高,人们越来越重视饮食了。再加上通货膨胀严重,吃饭似乎成了最划算的一种支出方式,许多人都有一种错误的观念——"我想吃什么就吃什么,吃个饭还能花多少钱,总比买衣服便宜多了吧!"

其实,不然。事实上,吃饭对于工薪族来说也是一笔不小的开支,有时候出现的情况是花了钱未必能吃好。特别对于工薪一族来说,平时忙于工作,需要什么的时候就马上购买,没有时间去斟酌食品的性价比。

青雯是都市里典型的工薪族白领,平时忙得没时间去购物,基本都是到了周末一下子解决。一个星期天,青雯又从超市买回一大堆东西,以备下周一家人的生活之需。正当她拎着大包小袋走到小区门口时,遇到了邻居蔡大妈。蔡大妈向她询问食品的价格,青雯一一回答。之后,蔡大妈笑着说:"你的东西买贵了。在哪儿买的?"

青雯说在华联超市。蔡大妈听后,开始给青雯传授经验:"现在的超市那么多,其实各有各的优势。华联只是生鲜食品品种多,选择余地大;要是想买半成品菜肴,还是要去家乐福;如果购买米、面之类的主食或者牛奶、蜂蜜、鸡蛋之类，就去农工商，那是最便宜的；要是买日常用品，麦德龙里边算得上物美价廉……"青雯听得直瞪眼，自己还真不知道超市购物有这么大学问。

工薪族因为平时上班比较忙，买东西直接去超市是家常便饭。很多工薪族也都是带着休闲的心态前往的，但常常因为漫不经心，忽略一些购物小细节而花了冤枉钱。比如买到牛奶的价格与看到的价格不一样，如果离开了超市才发现，可能就欲诉无门了。

其实，在生活里省一块钱要比挣一块钱容易多了，把日常吃饭开销节约10%，生活其实没有任何改变。与开源相比，节流容易得多，这并非提倡我们把自己的目标放低，恰恰相反，其实是希望我们把对生活的要求，再提高一点。我们需要的只是一些小小的技巧，把吃饭用的钱花在刀刃上，一旦做到了这一点，就会发现：省钱，其实是件快乐的事情。也许很多工薪族觉得，自己哪里有时间去学习这些在牙缝中省钱的节省技巧。

那么，有没有一套可以照搬实行、既省钱省力又能买到好食品的技巧呢？答案是有的。下面我们给还在忙碌奔波的工薪层们提供几种比较可行的节省妙招：

一、不当超市购物冤大头

社区附近的大中型超市商品质量有一定保证，而且不会发生缺斤短两的现象。因此，超市逐渐成了上班一族购买食品的主战场。虽然超市食品的单价相对较贵，但是可以选择那些大包装食品，一些原材料或半成品也是不错的选择，回家加工一下也并不费事。

折扣当然是工薪族在超市选择食品必须考虑的因素，但是购买食品时千万不要被折扣冲昏了头脑，结果买了一大堆，最后吃不完，一过保质期，全都变成了垃圾。一般来说，折扣越大，食品离保质期的时间越近。因此，对于折扣非常大的食品，不能买太多，以当天吃掉的量为宜。

如果稍微精打细算一下，这样一个月下来至少能够省下几十元。

二、成为店铺常客，优惠多

工薪族的午餐时间一般比较少，快餐是最普遍的选择，最好的办法是办公室的同事们一起订餐。因为订餐数量较大，快餐店就比较重视，在质量上也比较有保证，花样也比较多，而且送餐上门又节省了时间。如果长期合作，快餐店还会提供一些其他的优惠。

有时候晚上下班，工薪族们可能也不愿做饭，那就可以在住所附近物色一家干净的小餐馆，经常去吃，老板就会对我们很熟悉，也会提供尽可能的优惠和便利。

三、讲究实惠，不贪恋品牌

现在有很多人都喜欢买品牌食品、进口食品……其实是很不实惠的。我们所出的高价并没有使食品的质量得到提升，反而只是支付了关税、运输费和广告费等。相比之下，那些最本土化的、最普通的食品倒是最实惠的。

一些农贸市场周围总有来自周边农村的农民卖的水果蔬菜和甜点制成品，有一些也是相当不错的，而且不会像超市那些品牌食品那样添加了种类繁多的防腐剂和添加剂。

钱是从嘴里省出来

美国次贷危机造成的全球性金融风暴，形形色色的专家分析继汽车行业后，下一个受金融风暴影响的实体行业会是什么！在这种情况下，工薪族们也不得不重视这场百年一遇的金融危机，眼下的"饮食男女"开始了实行自己"嘴巴省钱计划"。

小贺上班一年了，在省城柳巷某金店里，孤单单一个人的他在人流中十分显眼。他左挑右选，最终选中了一款样子很是别致的铂金戒指。看着别人都是成双成对儿的，店员问他为什么不带女友一起来，他挺不好意思地说："不能带她来，她才舍不得花这么多钱买个戒指了！"

其实，从过年前小贺就开始琢磨上这个情人节的礼物了，"两年了，一直都想送她一个像样儿点的礼物，今年终于实现这个愿望了！" 3260元，对于刚开始上班的工薪族来说，并不是一个小的数字——这至少相当于一个月的个人开支。

因为刚工作，小贺过年还是得到了6000块的压岁钱，过年临走的时候，家里给拿了2000块的生活费。小贺已经想好了，下两个月稍微紧点儿花，大不了吃它一个月的方便面。

虽然经济危机了，人们挣钱难了，但在情人节这个表情达意的节日里，年轻的情侣们并没有吝啬自己的钱包——在必要开支上钱还是要花。很多像小贺这样的年轻工薪族，就直接选择从嘴巴里省钱。

平日里的吃饭餐饮花销，一天不见得有很多，但是一旦乘以30（月）或者乘以365（年）绝对就是一笔不小的数字。如果工薪族能够每天每月在吃饭上省一点，一年算下来绝对可以节省下来很多，所以钱就从嘴里省出来了。

物价上涨，从"蒜你狠"到"豆你玩"，从"姜一军"到"苹什么"，从"糖高宗"到"棉花掌"，工薪族幽默的背后，更多的是面对高物价的无奈。

面对如此的高物价，工薪族纷纷互相支招，使出浑身解数从嘴里省钱。不仅包括上面像小贺那样，为了省钱买大件就节衣缩食吃泡面的，也有人开始结束在外吃饭的习惯，开始在家研究柴米油盐，更有甚者动起了蔬菜"自产自销"的脑筋——在自家阳台上种菜。

在某广告公司任职的林晓靠2000多元工资度日，妻子身体不好只能在家操持一下家务。可现在如今超市里一把青菜就要三块五，让收入一般的他们实在有些承担不起。于是，林晓的妻子从10月中旬开始在自家阳台上种菜。"小油菜和茄子已经成熟两次了，现在家里几乎不去买菜"。

蔬菜价格上涨迫使很多人开始自己种植蔬菜。林晓半开玩笑地说，其实他以前就热衷于城市绿化，最近一段时间仔细观察绿化带就会发现，那里种的不是月季和紫荆花，而是茄子、葱、萝卜和白菜。不过林晓也不无得意地说，小白菜秧一周就能端上桌了，这个月吃了不少自产蔬菜，省了不少菜钱。

小贺通过吃泡面省钱，林晓通过自己种菜省钱。方式不同，却有异曲同工之妙——从自己的嘴里省钱。不过他们有一点不同的是，小贺因为只吃泡面，个人生活质量在省钱过程中受到了一定程度的影响。而林晓一家不光在吃上省了钱，而且一定程度上提高了家庭的生活质量——自家种菜卫生更有保障！

"花钱容易挣钱难"的现实让很多工薪族都不得不正视自己在逆境中的生存能力，于是，一个将生活目标定位为"经济适用型"的时代正在逐渐开启，经济实惠、味美健康的"嘴巴省钱计划"逐渐大行其道。除了有少吃大餐、种菜代替买菜的省钱策略，从嘴里省钱的方式有很多，工薪族们还可以通过蔬菜员了多吃水果、自带午餐代替外买食物等方法达到从嘴里省钱的目的。

在家当大厨，省钱又有趣

现在，我们的生活节奏明显加快了，而工作压力也越来越大。作为每天在外奔走的工薪阶层，有高达八成的年轻人一日三餐都在外解决，主张"平日工作太忙，很少在家开伙，在家吃其实也不一定便宜"，并且认为这样可以节约时间，工作了一天，在外面的饭馆花点钱就省去了买菜、洗菜、做饭、刷碗的麻烦……

实际上我们月工资中的一大半就是被"吃"掉的，因为在外吃饭很难控制费用，有时不过多点两个菜，就会多花几十块。

现在许多单身工薪族们又有了自己的省钱高招，同事之间、朋友之间，三五个人凑在一起拼餐吃，大家轮流买菜做饭，轮流洗碗，其乐融融。张宜敏就是其中一个典型的例子。

下午下班后，张宜敏开着电动车进了路桥区中心菜场，买了一斤精肉、一斤茄子、两斤土豆、两条小鲳鱼和两小把山竹笋以及姜、葱等佐料，总共花了28.4元。张宜敏和其5个好朋友每人每月拿出300元钱，中午在公司食堂拼餐，晚餐买菜回家自己做，每餐都有六七个菜。钱比过去花得少了，吃得却比以前好。

过去，张宜敏每个月的伙食费大约在400元～500元之间，不是吃单位食堂，就是去路边小吃店或面馆，时间长了也很容易吃腻，自从选择与5位朋友一起拼餐后，每月伙食费一般不会超过350元，而且还吃得很好。更重要的是大家都慢慢地学会了做菜，想吃什么就自己动手做。大学毕业快两年了，她一直不会做饭，为了拼餐，她买了好几本烹饪方面的书，现在都能做十多个菜了，而且在做饭的过程中她也体会到了生活的乐趣。

通过"拼饭"做晚餐，像张宜敏这样的工薪族不但可以省钱，养成理性消费的习惯，还可以积累不少生活经验。自己做饭，可以使工薪族学会省钱却不降低生活质量。

在家里做饭当大厨，对我们工薪阶层来说很有必要。每天下班回家自己买点菜，对着菜谱慢慢地学做饭，在繁忙的日子里留给自己一点时间，在烦躁与不安的生活压力中有片刻的解脱。如果还是单身，那么在自己精心做饭时，也会找到生活的乐趣；如果已经为人妻、为人母，那么每一次下厨都有老公和孩子的期待，在每一次的买菜、洗菜、炒菜中慢慢体味什么是生活，在合理配菜中学会怎样进行营养搭配。

在简单中找一片温馨，在温情中又享受到生活的乐趣。自己的厨房自己做主，每天的饭菜都合理搭配。现在的工薪族生活犹如一个未成蝶的蛹，在磨砺中我们学会了如何精打细算地过日子，尝遍生活的酸甜苦辣后，我们最终会破茧而出，在广阔的天空中纵情飞翔！不妨从现在起在晚上或者周末，尝试做些家常菜给自己心爱的人吧，简简单单，营养又很实惠。

如何做营养丰富又便宜的家常菜

肉类价格居高不下，鸡蛋价格屡创新高，水产品价格也在持续上涨……面对着这些与工薪族生活息息相关的生活必需食品的不断施压，下馆子吃饭绝对不再是一件那么轻松的事情了。至少，面对着菜单都得掂量掂量。现在，不少餐馆依然会根据时令和市场需要推出不少特价家常菜，这实惠的价格绝对会让下馆子的工薪族美到心里去。

但仔细一想，其实这些家常菜未必做起来很难，通常做一餐饭前，需要认真安排这顿饭的菜色：几菜几汤、几荤几素、味重还是清淡等等，工薪族的你是否常常会有这样的经历，越是有难度的"大菜"越是会担心万一做不好被倒掉。理财记账时，你有没有发现，其实一些简单又便宜的家常菜反而要好做很多，又不贵。只要做好荤素搭配，就不会出大错。

"原以为在家吃饭能省钱，谁知一个月下来，根本不是那么回事儿。"正在为还房贷"紧缩银根"的白领夫妇张静和余丽在家做饭没多久就开始面露忧愁。

因为两个人的工作都是朝九晚五，小两口下班之后到附近百货公司的超市去买菜。晚上七点多，超市里的散装菜都不成样子了，只能买包装好的净菜和有机菜。余丽随手从钱包里翻出昨晚买菜的账单：两小把莜麦菜7.7元，一小盒(8朵)白蘑菇10元，两根黄瓜6元；三根大葱4.5元，一块姜5.2元。葱姜够一星期的。平均下来，这一顿饭光是蔬菜成本就要23元左右，加上炒菜用的肉、油、鸡蛋和其他成本，差不多得30块。

要想既吃饱吃好又能省钱，张静也有自己的招数——在家囤点儿百搭的肉菜。"上周末买了两斤五花肉炖了一锅，才二十几块钱。每天舀出一点，配着超市里打折的青菜吃——有时候是蘑菇，有时候是白菜，总之什么便宜就买什么。"

同样是7元钱，买青菜只能买一小把莜麦菜，买鸡腿碎肉够炒两顿鸡丁。如果家附近没有开到晚上的菜市场，那么吃素成本太高。其实家常菜做起来没有想象的复杂，在家做一些简单的菜，荤素搭配既保证了家人的营养，又可以避免地沟油、化学添加剂对人体造成的危害。

想要吃得便宜又健康，食材新鲜只是第一步。工薪族在挑选便宜家常菜时，确保食材的健康十分必要。科学研究表明，蔬菜的营养价值与其颜色有密切关系。营养学家发现，青菜、菠菜、韭菜、油菜、芥菜、芹菜等绿色蔬菜的营养价值最高，胡萝卜、莴笋、甘薯、南瓜等黄色蔬菜次之，而竹笋、茭白、冬瓜等无色蔬菜则最低。此外，不同颜色的同种蔬菜，其营养价值也不相同。如紫色茄子的营养价值就比白色的高。工薪族在制作便宜又简单的家庭菜时，可以尽量选择那些有色蔬菜，韭菜炒鸡蛋、芹菜小炒肉和凉拌菠菜都是比较简单又容易学的家常菜，用浅色的冬瓜、竹笋、豆腐之类的，工薪族可以进行混搭，煲汤、熬粥都是不错的选择。

虽然有时候不时出现暴涨的天价蔬菜，多数时候的大多数蔬菜都是相对比较便宜的。就算出现菜价上涨的特殊状况，可以尽量避免选择那些所谓的"天价蔬菜"，寻找价格便宜的蔬菜进行替代。不同的季节有些菜是不用问价的，比如，市面上不常出现的茭白，8元/斤；比如，清明节前的河虾，六七十元/斤；比如，两个月休渔期，鲳鱼等海产价格贵得吓人。

其实做家常菜并不难，养成习惯就好。在经济危机仍旧在延续的今天，一直在乎家人的健康和养生之道的我们不妨选择一些相对便宜又好吃的食材，自己在家里尝试做几道拿手的便宜家常菜吧，在某天下班后或休息时为自己的家人亲手奉上，相信我们一定会得到最好的回报——他们的赞叹声和开心的笑容。

带着爱心午餐上班

如今快餐涨价、快餐内容却缩水的现象也令工薪族头疼，大部分人都感觉盒饭里的肉越来越少，十几块钱买个盒饭，往往感觉根本没吃到什么东西。除了快餐涨价令人难以忍受外，外面的快餐太难吃了，有时逼得部分工薪族宁愿去吃肯德基和麦当劳。其实，自己在家做饭，带盒饭上班是目前极为流行的时尚生活方式。

据统计资料显示，工薪族的日常开销中，饮食费用占据了很大一部分。如果这部分的开支能大幅削减，白领们的生活费存在不小下降空间。作为最喜欢到餐厅吃饭的人群之一，工薪族如果能在家里开火，并带爱心午餐上班，饮食费大约可节省近2/3。把省下的钱定期存入银行，也是一笔不小的存款。

路嘉怡在上海的一家企业做企划文员，月收入在6000元左右，工资在一群朋友中并不算很高的她却很会过生活。她和男朋友刚认识时，就发现他是个彻底的"月光族"，明明每月拿着8000多元的工资，却几乎存不下钱。

本来路嘉怡觉得男朋友这样做也没什么，如今他们准备结婚了，情况就不同了。目前，路嘉怡和男朋友已经支付了房子首付，担负着每月还款3000元的压力。面对压力，路嘉怡开始精打细算量入为出地过日子。于是，她决定改变男友大手大脚的习惯，并且尝试在家开伙吃饭，让男朋友每天带爱心午餐上班。

自己做饭是路嘉怡省钱的一个大招。"我买的都是些家常小菜，从来不做什么西餐，但是男朋友很喜欢吃我做的菜，本来不愿意带盒饭上班的他因为同事的一次夸赞而改变了想法。他说我做的饭菜好吃，几个同事都羡慕得不得了，于是现在天天带盒饭上班。""我和男朋友其实超爱吃零食，以前每个月都会买几百块钱的零食，现在就常常在家炸土豆条，便宜多了。男朋友还学会了自制牛肉干，偶尔做一次，让两个人都解解馋。"

如今，路嘉怡的男朋友已经习惯每天带她做的爱心午餐上班，如果有时路嘉怡没空在家烧饭，他就自己做。上个月，她拿出自己的记账本一算惊喜发现，自从他们开始做饭、带饭，每月的饮食费减少了1/3，这样路嘉怡有了继续做下去的决心。

中国最近才开始兴起从家里自带午餐的风潮，而在日本，职工自带午饭上班的情况早就非常普遍，因为日本绝大多数企业没有职工食堂，员工如果想解决午饭问题就只能买快餐或者自带盒饭。日本人十分注重防止浪费，而带盒饭上班不仅能比在外边的餐馆就餐便宜，饭菜还能合乎自己的口味，最重要的是能节约，不会浪费。

带午饭上班也能成为理财的一部分，这样既能省钱又能保障生活质量，更何况，饭盒里花样迭出的美食还能赢得不少人的羡慕和佩服。带的饭一般不是自己做的就是父母做好的，总是自己爱吃的菜，还能根据营养结构自己搭配，吸收更多的营养成分。如果能带上一荤两素，再来份汤或一个水果，那就更好了。

家宴的魅力

现在很多工薪阶层的生活很没有规律，虽然家里有厨具，但总觉得一个人做了吃也没多大意思，于是一日三餐就在单位附近的饭馆和同事一起吃了。而且不仅如此，在饭馆请客吃饭也是常事。

年轻人爱面子，经不住一大帮同学、同事、朋友的一再邀请，心里再怎么不情愿，也得往饭桌上坐。而且饭局、酒桌也有你来我往的回请潜规则，不能太小气。否则，朋友们会认为自己小气、吝啬、不入流，所以一到周末，特别是在假期，几天下来，花掉五六百元也是正常的事情。

那么，如何才能既让自己的亲戚朋友满意，又可以尽量节省点呢？

在家里请客不失为一种很好的解决方式。稍加留意你就会发现，经济的波动已经冲击了餐饮业的生意，全球金融危机和股市的接连下跌，促使消费者减少外出就餐或缩减开支。以前一到周末吃饭高峰时，一些好的高档餐厅门口排队至少要排上一小时，而这段时间基本上不怎么需要排队了。同时，一些原先习惯在馆子里请客的工薪族开始将请客战场转到家里。

俞心蕾平时最怕节假日了，因为一到节日老公的饭局一场挨一场，花钱逃都逃不掉。每一场即便AA平摊也至少一张百元大钞。如果钱花在正事上也就罢了，但流水般花去的钞票偏偏是进了饭店的收款台。老公好面子，朋友一请就去了，一坐必醉。她粗粗地算了一下，一天一场饭局，几天假期下来，竟然挥霍了近千元！夫妻两人一样上班挣钱，老公花的是自己的几倍，俞心蕾心里多多少少就有些不平衡，但也没辙。

一天，俞心蕾拎着背包上了街，溜达一天没舍得下馆子，却到菜市场买回一堆菜，外加好几本菜谱。照着菜谱，她做了一桌子色香味俱全的饭菜，夹一口尝尝，并不比大酒店那些几百元的饭菜味道差，可这些菜加起来也不过花了几十元。随后，她打电话邀请了单位的姐妹来尝尝自己的手艺。在姐妹们啧啧称赞中，她的烹饪手艺越来越精湛了。渐渐地，连老公的朋友对她的好厨艺也有所耳闻。

又一次轮到老公请客了，她悄悄地扯扯老公的袖子："要不，咱在家里请吧，省得多呢！"老公疑惑地问："行吗？"她笑着说：

"多做几个菜，弄得绝对不比饭店的差，既干净又实惠！"当来客对她做的菜赞不绝口时，老公一直紧蹙的眉头终于舒展开了。

送走了客人，老公一边帮忙收拾碗筷，一边感激地说："以后家里请客，我给你打下手。"听了这句话，她心里甜丝丝的。

俞心蕾的例子让我们看到了在家请客的好处，首先就是省钱，满满的一大桌子菜，总共也就几十块钱，而且把朋友请到家里来坐坐，大家一起准备做饭做菜，其乐融融，更容易沟通感情，还有一个重要的因素就是家里干净，吃着放心。

自己购买请客的原料、自己制作，不但可以省不少钱，而且朋友们也会觉得比在饭馆里舒服得多。大家饭后，围坐在沙发上，还可以再喝喝茶、唱唱歌、聊聊天，又节省了饭后不尽兴而四处寻找酒吧的费用。

有时长期在餐馆、饭店吃饭，大家都为点什么菜而发愁，好像什么菜都吃过了，都吃厌了。吃家宴就不用这样了，就算是白菜、萝卜也能吃得称心如意，赶上周六、周日，买一些新鲜的蔬菜，叫上好友来家里吃饭，这种温暖的感觉是哪个餐馆都无法比的。

在家里请客，既省钱，又有面子，何乐而不为呢！

特色餐馆淘美食

工薪族普遍的感觉是，钱已变得愈来愈不值钱了。的确，随着物价的上涨，货币购买力也在不断下降。既然我们阻止不了购买力萎缩的脚步，与其一味感叹，倒不如去挖掘"让钱值钱"的妙招。

好吃不贵，享受好味。各地的美食家们有天生的好嗅觉，喜欢到特色的餐馆去淘美食，像女孩子们淘衣服一样，即使是偏远的小店，只要有精品便不会错失良机。事实上他们发现的好去处也很不错，除环境不同寻常外，味道也确实让人流连忘返。

埃瑞克跳到现在这个公司只是一年前的事情，虽然没有大部分同龄人本科的学历，但是近7年的工作经验和越战越勇的精神让他如愿以偿得到了这份销售工作。别看账面上的工资不高，公司的福利还是相当的好。

在这几年单身的日子中，埃瑞克除了工作就是找吃的。每逢周末他都要起大早，然后坐长达一个多小时的公交车去武昌司门口吃豆皮，还有加有纯正芝麻酱的热干面，想吃多少就吃多少。那段时间，他还间接地培养了一批好吃族。

该陪客户吃饭的时候，埃瑞克也很会动脑筋。那些名声在外的饭店客户肯定也吃腻了，先不说人均消费高，光是"人来疯"的食客们动不动就把这些地方弄得跟办婚宴酒席似的"闹猛"，实在是不适合请客户吃饭。埃瑞克是个有心人，平时看到报纸杂志上一些介绍上海特色餐馆的文章就会记下地址电话，结果每次都让客户格外惊喜——吃得特别，环境也清静，连赞埃瑞克用心良苦，一笔笔单子也就轻松地签下了。而每次结账时埃瑞克更是开心,人均六七十块的消费怎么想怎么划算,所以一个月2000块用来应酬是绰绰有余了。

像埃瑞克这种爱淘美食的工薪族就在我们身边,在他们看来,美食是一种消遣,也是一种乐趣,而且便宜。吃饭是吃味道,吃情趣,而不是炫富,那么干吗不选择那些又便宜又有特色的地方呢?

那些有特色的小吃既可口又便宜,是非常好的选择。现在的年轻工薪族多为80后,几乎每次聚会的时候,对于吃的地点,大家都很难达成共识,而那些带点另类风格或者格外新鲜的方案往往会最终占上风。而且它们的价格往往不高,且菜式新颖,很有特色。如果运气好的话,也会遇到团购打折活动,更是会便宜不少。

在工薪阶层里,有的人已经到了而立之年,他们多少都有些经济基础,对于美食,他们的要求是价位不要很高,中等偏上就可以了,但不要失体面,要有营养。那么这些特色小店就是他们最合适的选择了。

只是,怎么才能知道那些可以淘到美食的地方呢?

一、借助网络发布的饮食信息

网络时代,只要动动手指,想查阅的东西就会出现在眼前。通过网络查找,工薪族可以知道哪里有好吃的,哪里有新的饭店开张,哪个路口的甜品不错,哪个餐厅的什么时间有优惠等。特别是在大城市里,这种方式就显得尤为重要了。

二、淘客族互相介绍

现在，网络上好吃族的"召集令"开始兴起，各种形式的好吃网也针对网络群体进行广泛的宣传，来抢占网络市场。很多年轻的上班族都有自己的美食QQ群，晚上想吃夜宵了，就在群里喊一声"谁和我一起出去吃碗粉"往往一呼百应，马上就可以邀请到一群志同道合的吃友们。

每逢下班或是节假日，去特色店里淘点好吃的或者是利用业余时间在网站上好好搜索一番，等节假日一开始就立马行动，这不但是一种积极探寻的生活态度，而且不愧是一种从嘴中省钱的好小法。

做个勤快的餐馆折扣信息情报员

折扣年年有，面对物价的上涨，商家为了吸引顾客于是与网站合作发行了各种各样的优惠券、打折卡、积分卡，而这些打折卡、积分卡也确实让我们工薪阶层尝到了切实的实惠。

大学时读日语专业的潘凡艺一毕业就进了一家颇有规模的外贸公司，收入还不错的她是一个不折不扣的"卡族"——在她卡包里面有厚厚的一沓卡，但不是银行卡，而是餐馆的打折卡。对于这个爱淘美食的姑娘来说，这些打折卡可是给她省了不少钱呢。

从第一次使用麦当劳的优惠券开始，潘凡艺就尝到了甜头，从那之后她就产生了搜集各种打折卡的兴趣并且一发不可收，成为爱卡一族。她到餐馆吃饭的时候，携程卡、口碑卡都能派上用场，因为在杭州很多餐饮店里，只要拿出这两张卡就能享受贵宾折扣。

现在请客吃饭，潘凡艺都会先上网查一查，看哪些餐馆能用卡打折，谁的折扣大，再决定到底去哪里消费。尽管已经有了十多张五花八门的打折卡，但她还是希望能再多搜集一些。她觉得，信用卡是越少越好，打折卡则越多越好。打折卡越多说明你花钱越来越理智了。在她的影响下，身边的亲戚朋友也都加入了爱卡一族。

在人民币升值的影响下，很多餐馆都上调了价格，这对潘凡艺这样的工薪阶层来说，压力确实不小。而一用打折卡，一般物价上涨的部分就被抵消掉了，价格和原来的也就差不多了。比如请朋友吃饭，用打折卡后一顿饭下来也就200来元，能省下几瓶饮料钱。

潘凡艺的这些打折卡，真是让她省了不少钱。从另一个侧面，我们也看得出为了占领市场商家真是用尽了各种各样的招数。有的商家干脆到居民区发促销彩页，带上这张彩页，两个人花上50元就能吃上一顿丰盛的海鲜大餐，既省钱又能满足饕餮之欲，于是彩页一下子成了紧俏货。还有一些商家和网站合作，推出了不少折扣信息，这也使得打折网站渐渐热闹起来。从各种打折网上，我们可以看到五花八门的打折信息，这些打折信息涉及逛街购物、餐饮美食、休闲娱乐、生活服务、教育培训等。另外，从上面的价格来看，这些打折信息确实还比较吸引人。

拿着优惠券，我们可以很省钱地吃到精品美食和买到心仪的服饰，还有一些人通过出售优惠券，不但挣了钱，还方便了其他人。

一般来说，个人从网上获取电子优惠券的方式主要有三种：

（1）登录专门提供电子优惠券的网站，如大众点评网、上海打折网等，消费者把消费券打印出来或直接下载到手机上，然后凭券到门店去消费就能获得折扣。

（2）直接登录品牌商家的官方网站，通过打印电子优惠券获得实惠，如麦当劳、肯德基、必胜客等连锁品牌的官方网站上，都会不时地提供优惠券。

（3）有的商家则直接将优惠券以短信的方式发送到顾客手机里。

那些热衷于用优惠券省钱的工薪族也都集中在一些固定的折扣信息网站上——如已经有许多人在大众点评网社区的折扣信息版上，注册了会员。热衷于淘券的工薪族除了常在论坛上分享发现的打折信息外，也常常讨论近期在哪里可以获得免费优惠券，还教网友们如何索取优惠券，打印网上优惠券，等等。

优惠券、现金券、打折卡一次省下的钱不多，但积少成多，不知不觉也能给我们工薪阶层省下不少呢，所以经常到点评网站上看看有哪些优惠的信息，勤于收集，这样在外出吃饭时，就可以省下不少钱，不知不觉我们也就成了一个"省钱达人"了。

多吃天然食物，省钱又健康

有一个医学教授在一个电视的健康节目中提出这样的一个观点："多吃神造的，少吃人造的。"所谓的"神造的"就是指天然食物，而"人造的"就是指那些加工食品。现在，随着科学技术的提高，越来越多的加工食品充斥我们的周围。加上快节奏的生活，越来越多的工薪族都选择了那些加工的速食品。其实，多吃天然食物，既省钱又健康。

张小艺是一家私企的销售，工作很拼命，以前常常为了工作而忘了吃饭。而人不吃东西肯定没有能量干活，于是她总是在包里准备一些高能量的速食品。她曾经翻看过自己的账本，自己一个月为这些高能量的速食品花的钱都不下2000元：巧克力每月至少2盒，每盒80元；中午或者晚餐，经常为了赶时间而在肯德基、麦当劳就餐，每顿至少都得20多元。每天一两瓶功能饮料，每瓶8元。加上为了补充各种营养，自己也不惜高价买那些保健品。自己每天辛辛苦苦工作下来，几乎没有什么余钱能够让自己投资生财的。

而现在的张小艺，由于在2012年国庆的假期在家看了一期关于健康的电视节目，发现自己平时吃的那些东西并不健康，那些东西大多都是人工加工的东西，并没有自己想象中的那样有营养。就像自己常吃的蛋黄派，里面一点鸡蛋的成分都没有。而当时的专家说这些加工食品吃多了对自己的身体也不好。所以现在张小艺极力控制自己，尽量不再去买那些加工的速食品，而是多吃一些天然食物。

现在张小艺每天都坚持吃一斤绿叶蔬菜，至少要吃一种深绿色的叶菜，数量通常会达到 200 克左右。此外，她也坚持吃其他含胡萝卜素、番茄红素、多酚类的蔬菜和水果。在调配主食的时候，她就用深色的原料和白米混合煮粥或煮饭，比如紫米、黑芝麻、红皮花生、黑豆、红豆等。这样也补足了人体所需的营养，自己的钱也省下了不少。现在她每个月都能够有 2000~3000 元来做定存。由于自己受益很多，所以张小艺现在逢人就劝诫他们少吃那些高能量的速食品，除了不健康，又费钱。

确实，那些经过加工的食品，为了易于保存、运输，为了卖相好，食品添加物多不胜数，而这些食品添加物一旦过量或者长期食用就会危害我们的身体健康。2008 年，台湾地区健保局统计门诊的 20 人疾病，排名第一的不是感冒之类最常见的疾病，而是慢性肾衰竭。有关专家表示：这种慢性肾衰竭的增加，与这些年长期、大量地摄取人工添加物是脱不了干系的。从中我们可以看到过多地吃加工过的食品对我们的身体并没有好处，而且它们的价格也奇高无比。

如果大家有留心的话，就会发现在超市的架子上有些功能饮料一瓶需要几十元，而矿泉水、纯净水只要一两元。据有关食品业人士表示，饮料的主要功能是补水，用其来补充营养则有些不靠谱。所以说，同样是补水，我们为什么要多花那么多钱呢？

英国营养学家帕特里克·霍尔福德建议我们，选择食物时多选择天然的、新鲜的、完整的，因为天然食物加工程度低，营养素含量高，并含有丰富的生物活性物质，更易于让我们吸收。就拿补钙来说，2011年淘宝口碑最好的补钙排行榜第一名的"长生鸟珍珠粉内服胶囊半年装"，淘宝活动价:1410元/件。按照科学的营养素密度计算法，青菜才是人类补钙的最佳食物。数据显示，100克小油菜含能量约为15千卡，含钙却高达153毫克。即使按2012年10月份最高价格来算，500克的小油菜也就5元，半年的时间也不需要花到1000元的费用。其中没有一些人工的添加剂来危害我们的身体，可以说吃小油菜来补钙，既省钱又健康。

其实，我们人体所需的各种营养，都可以从天然食物中获取。而它们由于没有加工，成本比较低，我们购买它们相对要少花点钱。所以，精明的人为了让自己更健康，少花点钱，就多吃一些天然食物，少吃一些人工加工食品。

斤斤计较的买菜省钱法

理财是个时刻需要注意的事情，就算买菜也不例外。每日三餐如果自己开伙，买菜也是必不可少的功课。月底算一下，一家人每月的蔬菜开销还真是一笔不小的开支。有些工薪族在这方面就比较留意，一些时间充足的工薪族宁愿每天花半个多小时，步行加乘车、乘坐地铁，赶去买便宜菜。

上海松江、闵行、卢湾、黄浦4个区的7家菜场，有不少大型普通住宅区附近的菜场菜价较其周边菜市场的菜价便宜。

到周末时间，就算上午已经过了10点，但合肥路、肇周路上的唐家湾菜场依然人声鼎沸。原来与周边的马当路菜场、大境菜场相比，他们那里的菜价特别便宜，比如说这里的青菜1元一斤，鸡毛菜2元一斤，冬瓜5角一斤，蔬菜至少比"马当路""大境"两家菜场便宜20%～30%，因而引来临近区的一些工薪族买菜。徐汇区的康乐菜市场，周边居住了康健、康乐、田林等地区大量工薪阶层。

家住南丹路、乘43路车赶来买菜的王小姐说，如果在自己家附近的文定菜场买菜，蔬菜一般要贵30%，肉价相差不多，鲫鱼、鳊鱼、鲈鱼等也要贵20%左右。在"唐家湾"买菜，一个月至少可以节省200元左右的菜钱。反正车费又不算很贵，和节省的菜价相比还是要便宜很多，你说这笔账划算不划算？

不过并不是买便宜菜就要跨区进行，一直以来，人们认为离中心城区越远，那里菜市场的菜价就越便宜，其实在实际中这样的说法并不成立。有时候，买菜不一定需要跨区，只要有一双慧眼，在自己住处附近的菜市场也可以发现便宜的蔬菜。

菜价主要由场地出租费用、摊主经营状况和周边住户的经济条件、消费人气这四方面的因素决定。有时候相邻一个路口的菜市场也会出现菜价差异，那些拥有大批别墅、高档小区，但住户总量不多的菜市场中，摊主总体经营状况不佳。而另外一些地区租金同样不贵，但有一定的经营规模，消费者又多半是工薪阶层，菜价势必会便宜很多。

工薪阶层要想做个厨房的好手，得先做买菜的能手。那么，大家知道怎么买菜才能省钱吗？这可是个经验活儿。大致说来，省钱买菜要注意以下几点：

一、买菜出门前，先做好计划

由于时间关系，工薪族不可能天天逛菜市场。所以出门买菜前，一定要对冰箱内菜的存量进行一次彻底的检查。不然，会容易出现重复购买的现象，从而造成浪费。如果在购买之前检查一下冰箱里的库存，对近两天的肉、菜搭配做一个计划，到了市场就可以做到有的放矢，而不会出现盲目购买的现象了。

二、寻找固定摊位，做个老主顾

去菜市场之前，先了解一下哪个摊主的菜既新鲜又便宜，最好摊主有电子秤，日后买菜可选择其作为固定的摊位来买菜。固定菜场买菜的几个摊位，混个脸熟，时间长了，摊主会在买菜的时候把2角、3角不等的零头抹掉。就算一不小心，把菜落在摊位上了，摊主也可能会继续给留着。

在不知不觉的买菜中，工薪族又能为自己节省下一笔银子。斤斤计较地去买菜，不但可以省钱，而且还可以培养自己从小节约理财的好习惯。

第四章

穿着省钱
——小钱穿出气质，品位不等于昂贵

打好"穿"的小算盘

爱美之心人皆有之,尤其是工薪族的女孩子更想在外人面前保持一个良好的形象。买衣服是女性工薪族的家常便饭,结果衣服越攒越多且很少丢掉。很快出现的情况是,望着那满满一柜子的衣服,好多工薪族女生开始发愁,而每个月光置办衣服就让钱包瘪瘪的了。

雪儿是某时装杂志的主编,虽然工资比刚工作前两年多了一些,但是每个月要供车还房贷,手头并不是很宽松。可是由于工作需求,自己时常要出席一些重要场合,在穿衣服方面不能太一般。

以前买衣服穿衣服对她来说是一件头痛的事,但是经过几年的锻炼现在就好了很多,现在完全能够算好自己的穿衣账,既好看又不过多花钱。她说,购物前需要充分了解每季的流行趋势,但千万不要想把所有"趋势"都穿在自己身上,先找出最适合自己的那一点。女孩应该多逛,哪怕是不买,在不断试穿与比较中找到自己的真爱。

雪儿回忆起自己的第一次奢侈品购买经历就充满了诸多尝试:"当时想购买一支兰蔻的口红,在选择颜色上比较和尝试了很久，既想白天用又最好在晚上也可以用来搭配，最终选定玫瑰色是最适合自己的，一用就是10年。"

无论出于什么原因，工薪族可能觉得在穿衣方面的投入不够或追求的方法不对，因此必须从现在开始，加大投入。而实际上，很多穿衣水平很高的工薪族，并不是在穿上多花很多钱，而是在这方面打理计算得很清楚，如果说多的话比别人花的时间、精力多。

一个人要想改变形象，需要提升的是品位，即提升对美的理解的高度。并不是你没有衣服穿，只是你不懂得搭配而已。穿得漂亮并不一定要破费很多，只要你打好自己的穿衣小算盘，学会了聪明的搭配方法，就算你全年都穿旧衣服，也能天天穿出不同的风格，穿出不同的美感。

一、找到自己的穿衣风格

我们要的是"人穿衣"，而非"衣穿人"。没有自己的风格，再昂贵和华丽的衣服穿到身上，也不能让你更有气质、更漂亮。能够给我们留下深刻印象的穿衣高手，不论是设计师还是名人，其原因只有一个——他们创造了自己的穿衣风格。至于自己的风格怎样确立，最重要的一点就是不能被千变万化的潮流左右，应该在自己欣赏的审美基调中，加入当时的时尚元素，同时从自己的气质涵养入手，融合成个人品位，这样，才能具备自己的穿衣风格。

二、经典款式必不可少

服饰的流行是没有尽头的，但是无论潮流怎么变化，最基本的款式都不会退出历史舞台，而这些能经受得住潮流考验的基本服饰就是经典的款式。具备这种特质的服饰通常是设计简单、剪裁大方、做工精良的骨灰级款式，像白衬衣、及膝裙、宽腿裤等，这些经典款的衣服一般都不会过时，随时拿出来穿着上街也不会有人笑话你老土。想要推陈出新，只要在这些衣服上面加一些流行的配饰就能起到耳目一新的效果。

三、不要让衣服来挑人

很多衣服都是挑人的，与其让它挑你，不如你来挑它，挑那些跟你相配的衣服，而不是跟模特相配的衣服。例如，工薪族首先要清楚你自己的肤色属于冷色系还是暖色系，肤色色系的确定可以决定你穿哪种颜色显得人看起来更亮丽、更精神。服饰颜色要选择与自己肤色色系相近的颜色为大面积色彩，其他可做搭配颜色。

为了避免被一时的购物气氛迷惑，彻底了解自己是非常重要的基础课程，读懂自己的身材、气质、肤色，了解自己适合的色彩和款式，才能让搭配出来的效果更完美。

既然是为了省钱，那么打好穿衣小算盘的最重要的一点就是重新整理你的衣橱，如果你的衣橱里已经有的，不管再经典、再漂亮，都不要再去买了，买了就是浪费。在开始你的混搭行动之前，你要做的不是买新衣服，而是找旧衣服，如果你已经掌握了搭配的要领，那么你就会发现自己那些要淘汰的旧衣服突然之间都派上了用场，那么恭喜你，你的荷包又一次避免了被"洗劫"的命运。

清楚需求，做个购衣计划单

孙太太新婚不久，因为狂热地追捧品牌，一直被朋友称为"品牌狂人"。不过，别看孙太太净买名牌，但是她每个月的花费，尤其是花在服装和化妆品上的钱却明显比其他人少。就算买几件名牌，到了月底发现她的工资还是很宽裕。

孙太太自豪地向大家介绍她的"购物经"：花钱就得花到刀刃上。别因为便宜就买一些自己不需要的东西，到最后不但委屈了自己，还浪费钱。同样是买衣服，如果图便宜去街边小店，一口气买个三五件，加起来也好几百，但是，这样的衣服穿一两个月就会出现变色、变形的质量问题，结果是钱没少花，衣服还没买好。

这样算下来，买便宜货还真不一定就省钱。而去大商场买好的衣服，因为买得贵，心疼，所以选的时候格外认真，试过几次、绝对满意才掏钱；有时还死皮赖脸、费尽唇舌跟专柜小姐索要各种赠品。通常一件好衣服，什么场合都能穿，而且穿几年也不过时，真是又漂亮又实惠。

只求质量不求数量，要买就买好的，是孙太太这样的购物人士的座右铭。很多时候，自己本来是抱着省钱的目的去参加促销活动，结果因为贪便宜而买回了一堆不需要的东西，反而增加了支出。这样的例子在女人身上比比皆是。

怎样才能慎重地买衣服呢？怎样才能避免买回衣服后又把它们束之高阁呢？根据每个人的消费水准、职业环境和生活习惯，我们在购物之前可以先给自己设计一个购衣计划单，清楚知道自己缺什么衣服，哪些是一定要买的，哪些是可买可不买的，哪些是绝对不要买的。

在计划自己的购衣清单时，工薪族们可以重点了解以下几个问题来明确自己的需求。

一、找对朋友再逛街

很多人并不喜欢一个人去逛街，而是习惯和朋友去。和你逛街的朋友是谁，品位如何很重要，他们将直接影响你最后的购衣决定。所以，工薪族进行购物时最好找一个真正了解你穿衣风格并且敢于直言的朋友。

但是即便如此，也不要因为朋友的一再劝说就随便买了，也不要因为一件衣服穿在别人身上好看自己也买。说到风格问题，大部分女孩子都有一两种自己拿手的穿衣风格，那你就尽可能地将现有的风格发扬光大吧。如果你是一个文弱的女生，那你心血来潮买件重金属风格的皮夹克，能不能穿出那个味道就很难说了。

二、穿衣服是现在进行时

买到了新衣服就是为了回去能够尽快穿上，除了特意反季节购衣获取折扣，工薪族是真的没有必要今年夏天买件衣服非要放到明年夏天才穿——当然，如果买衣服只是为了当成减肥的动力的话，那就另有一说了。

三、舒服永远是购衣首位

再精致的外套，再帅气的靴子，如果你不能穿着它们挺胸抬头自由地走来走去，就不要把它们买回来。关于这一点，估计每个人都会有惨痛的教训，也为之付出了不少学费。对于年轻的女孩子来说，总想换一下自己的风格，大概只有自己吃几次亏后才会明白买穿着舒服的衣服。比如，买裤子时，你在试穿的时候得能坐能蹲才可以；买裙子时，你得不必常常担心穿上它会走光才可以。

这里的舒服还包括心理上的放心。如果你从不穿紧身的低胸T恤衫或者那种超短的裙子，只是偶尔一次看到别的女孩穿上很漂亮，就觉得自己穿上也不会太差，那你千万想好了再去买。不然穿上之后自己总是遮遮掩掩的，甚至忍不住在外面再加件衬衫，反而浪费了那件衣服。漂亮的衣服和自信的姿态相映衬才会有好的效果。

四、某些衣服购买需慎重

很多人在买衣服的时候都会很冲动，或许是因为价格便宜，或许是因为当时很喜欢，一激动就挥金拿下，结果过后才发现很多的衣服都没有派上用场。总结一下经验，你会发现如果遇到以下几种情况，要尽量避免购置。

1. 没有与之相搭配的衣服鞋子

如果你现有的衣橱里没有与之相配的衣服鞋子首饰,那就先不要买,即使这衣服很漂亮,价格也很划算。其实,如果算上你再去东跑西颠地买其他的鞋子、衣服或小饰品来搭配这件衣服所用的时间和钱财,恐怕它就没那么大的吸引力了。如果你找不到其他的衣物来搭配,那么这件衣服就只有沦落到压箱子底或是束之高阁的命运了。

2. 同一款衣服买不同的颜色

有的工薪族一直都有杞人忧天的毛病,喜欢囤东西,看到一件不错的东西之后,总是担心以后买不到这么好的,鞋子、化妆品、耳环、手套、衣服,等等,都是这样,结果可想而知,谁愿意总穿着一个款式出门呢?

3. 纯白色衣服和裤子

大部分的人都喜欢白色衣服和裤子,不仅好搭配,而且给人特别干净俏丽的感官感受,但是白色的衣物特别的不耐脏,尤其在刮风的时候,很容易弄脏。

如果你家里养了宠物,或者平时的时候要骑车或者乘拥挤的公交车,那最好就不要买。

切记,冲动是工薪族购物买衣最大的"心魔",买衣服之前我们应该先列个周密的购衣清单,写出自己需要购买的衣物和大致的预算,这样再去有的放矢地购买,自会省钱省力。

慢半拍消费，反季节购衣

工薪族中很多人买衣服都喜欢买名牌，总觉得衣橱里就是少那么点儿东西，两个月不买衣服，就觉得浑身没劲儿。但是名牌货的价格往往都不菲，再加上是新款上市价格也相对较高，如果一味满足自己的欲望，那放工资的钱包就永远都没有鼓起来的时候。

想穿名牌又不想花太多钱，如何来解决呢？支你一招——反季节购衣！

一说反季节购物，可能有人还不屑于此。有很多女孩子把每月的一半工资都花在买衣服上，每当新衣上市就迫不及待地去买，明知道再等几个礼拜，这件衣服可能打折，但是觉得自己要当穿这件衣服的第一批人，只要享受了就好。

无论是服装大卖场还是小淘衣坊，衣服刚上架的时候价格都很可观，但到临近换季的时候，为了回笼资金，在换季之前向服装厂家预订下季的服装，抢占市场，增强竞争力，商家往往会提前半月甚至是一个月的时间，采取打折的方式尽快把本季的服装出售，防止积压。而这时候的服装往往还能继续穿一到两个月，但价格最多的却可以打到三折。所以服装刚上架的时候，准备购衣的女孩儿们，一定要注意留心是否有自己合意的服装，这样在打折的时候，就能以最快的时间、最少的银子买到自己最心仪的服装！

不仅如此，现在还流行反季节出售服装，即在夏天出售去年冬季的服装，冬天出售去年夏天的服装，虽然款式稍稍落伍了一些，但价位低了不知多少倍，只要自己独具慧眼，精心选购，穿的时候再和当季的衣服巧妙搭配，也会给人不落俗套的感觉，钱财却不知不觉中节省了许多。

李娜和周洲是一个办公室的同事，平时的休闲时间安排得都差不多：偶尔去一次卡拉OK、每年有一次度假旅游、每个月都会去搜搜新衣服。但是让周洲不解的是，大家收入差不多，生活质量也差不多，为什么李娜每月都能存下不少钱，自己却成了"月光族"呢？经过一番讨教后，她才知道原因其实很简单——在不同的时间做同样的事，价格可就完全不同了。

李娜的生活很有规律，家里的洗衣机总是在晚上10点之后才开始用，因为晚上的电费打7折；每年度假的时间，李娜总是选在3月底到4月初，因为这时一般是旅游淡季，无论什么线路都会比旺季便宜20%。

在买衣服上，李娜也不像周洲那样爱买当季的衣服，李娜就是反季买衣服的个中高手："我一般都会在新款上市的时候，多逛逛商场，如果有中意的款式就试穿一下，看看合不合身。但是如果这个时候出手，铁定吃亏！"一般商场只能给个八折到九折。过几个礼拜，再去看看，就会发现原来看中的衣服价格已经降下来不少，有的甚至进了折扣篮。这时候再直奔主题，肯定一击必中，这样既免去了和众人挤在一起选衣之苦，又节省了不少开销。

反季购买是个不错的机会。李娜有一件黑色羊绒大衣，就是夏季商场清货的时候以3折的价格购买的，比原价便宜了1000多元。

买衣服不一定要买当季流行的，太浪费了，像李娜那样等到季末清仓的时候再出手，那时商家往往会打很多折扣，有时甚至比刚上市的时候便宜一半还多。那个时候，工薪族可以精心挑选几件质地好、做工精细的衣服，还能挑选几双又耐穿又好看的鞋子，十分划算。

保持同样的生活质量其实只需要一半的钱就能搞定，这就是李娜的节俭。此外还要注意，和自己常去的小店的店员搞好关系。这样可以让他们通知你什么时候会有新货上架或是什么时候会有新的促销活动，甚至还可以帮你把需要的型号先留下来。运气好的话，也会遇到店员在正式减价的前一两周就以折扣价把衣服卖给你。

此外，还需要提醒工薪族的是，尽管反季节销售的服装价格便宜，但你在选择购买反季节服装时，还是应该以实际需要为首要考虑要素。如果你需要添置的衣服正在反季节销售，此时购买是比较明智的，千万不要因为价格便宜一时冲动，买回很多只能挂在衣橱里"欣赏"却没有多少实用价值的衣服。此外，在购买反季节销售的服装时，也要对服装的质量、面料作出全面的判断，并注意索要购物小票，以免上当受骗。

货比三家，同样衣服不同价

在全球金融危机的影响下，商家们也感受到这股寒流给生产和生活带来的冲击，早早开始了大规模的打折活动。于是，一到周末，促销活动此起彼伏。工薪族们绝对不会放过这等天上掉馅饼的好事儿，即使在经济紧张的情况下，也会一下子买几套衣服都不眨眼。

物美价廉是我们在购物时的最佳目标，东西又好，价格又便宜，当然是最好不过了。事实上，我们不可能看到一个顶级品质的商品，标注最低廉的价格，价格总还是跟品质有关系的。我们唯一能做的，就是在符合我们使用要求的前提下，选择相对来说性价比最高的产品。要买新装的工薪族们，这时一定要货比三家，因为同一款衣服在同一时间，在不同商场它的价格可能要差20%～30%。

一般来说，商场里的服装价签是我们购买衣服的一种参考，大多数人会相信一分钱一分货。但是商家却在价签上大做手脚，大大抬高商品原价，然后再打折促销来吸引顾客的眼球。这就需要我们在买东西的时候一定要擦亮眼睛，多去几家店转转，货比三家，千万别上促销的当，把高价的东西买回家。

货比三家说起来容易，做起来也不简单，那么工薪族要如何来做呢？具体来说，可以参考以下几条：

一、选择"含金量高"的促销活动

"买送""打折""抵扣现金"名目不同,我们享受的优惠也有所差别。市面上最常见的促销是"买送",那么"买送"到底算是几折呢?尽管我们常常遇到这样的促销方式,却不是很清楚它的计算方法。举个例子,"买100赠120购物券"就相当于花了100元却买了220元的东西,即相当于四五折,但这要在购物金额刚好满百,赠券全部花完的情况下。

另外参加"买送"的活动时,一定要注意不要陷入循环购物的怪圈里,本想省钱却花了不少不该花的钱。其实,含金量最高的是直接打折或直接抵扣现金的优惠,因为它既能让我们把价格降下来,又不需要额外的花费。

二、充分利用网络货比三家

时下,越来越多的人加入网络购物大军,体验这一便捷的购物方式,从事IT行业的吴女士一个月来在网上已经购物四次,大部分秋冬衣服都是通过网络购买的。网络购物很早就成了她生活的一部分,在平常工作之余,她经常登录一些购物网站,留意上面的商品。

从网上搜一下就能知道当下的流行款。而且自己从网上批量订购,能够在本就低价的基础上再打折。"别人店里这款裙子一条要卖到200元钱,我在网上找了找,不仅价格便宜,多购还能打折,免邮费。"轻点几下鼠标,看中的商品就可当下成交,几天后,物流公司就会把商品送上门来。

不过专家也提醒，工薪族在网络购物时最好要货比三家，选择信誉度高的网站。

近些年来，网购、网络优惠券、拼团、网租等网络省钱新招儿层出不穷。很多人和吴女士一样成为"网购一族"。《中国青年报》通过腾讯网对3207名网民进行了一项在线调查，这些调查对象中"80后"占72.3%，"70后"占21.3%。调查显示，54.9%的人认为自己"比较省"。在使用的网络省钱法中，网络购物被使用的最多，占了34.1%；紧跟其后的是拼车、合租、拼卡、代购等。

工薪族除了在下班后或节假日可以亲自到店里走走货比三家外，还可以利用网络货比三家，在网上货比三家只是几分钟的事，并且网络销售省去了传统建立店面的费用，同样的商品比卖场便宜20%～30%也是常有的事儿，这部分节省下来的钱积累起来也会是个不小的数目。

名牌，不可承受之重

以前名牌就是尊贵的代名词，让工薪族退避三舍而无法承受名牌之重。然而在市场经济高度发展的今天，社会商品极度丰富，面对数以万计的品类、数以亿计的品牌，越来越多的人已经和名牌有了亲密的接触。但是同样，那些以年轻人为首的工薪族发现自己消费的欲望正在被逐渐放大，钱越来越不经花。

穿着阿玛尼的短袖，脚蹬爱步休闲鞋，背着爱马仕真皮挎包……出生于1983年的小董，衣着打扮紧随潮流、爱好名牌，这一身装扮接近3万元。小董毕业后进入了一家大型国企，目前月入过万元，在他这个年龄段算得上是高工资了，但每月还是要靠父母救济。

小董的家庭环境不错，从小就是穿着品牌衣服长大的，这在一定程度上养成了他热衷名牌消费的习惯，"以前都是父母买什么，自己穿什么。等自己工作了，拿到第一个月工资，和女朋友去逛了当时天津专门出售高端品牌的商场，里面各式各样做工考究的国际品牌衣服、背包，真是让我眼花缭乱，从那一刻我便加入追逐名牌的行列"。他工作后第一个月的工资是6000多元，当时也算是高工资了，一天给花了个一干二净，换回了一套西服。

小董尤其热衷名牌服饰，每月的不菲收入大多换成了各类服饰，而随着他喜好的变化，比如以往他喜欢服饰上印着大大的LOGO，现在则更重视款式，转而喜欢简约内敛的风格，以前那些花了重金买来的服饰大多被他束之高阁。小董看着自己那些过季的衣服，有时也会感觉挺可惜的——那些衣服随便一件都在数千元。他算了算，从参加工作到现在的6年多时间里，他花在这些品牌服饰上的钱少说也有40万元，如果能节省下来，早就足够付一套房的首付了。

名牌衣服固然用料、做工考究，但其材质并不足以支撑动辄数万元的售价，说到底是品牌的价值放大了其终端零售价，像小董这样的工薪族顾客对其的追捧反而成就了高售价。

那什么是"名牌"呢？有人调侃道，就是用买10头牛的钱，去买一个不到半张牛皮就可以制成的皮包。但是，对于我们工薪阶层来说，拥有这些东西的方法就是省吃俭用N个月，然后为买一件带有奢侈品标志的东西刷光卡里的钱。

现在越来越多的年轻人开始和名牌产品零距离接触，有时并不是因为消费水平达到了，而是爱面子，当他看到其他的同事穿着名贵的衣服，觉得自己如果不买就和他们没有了共同语言，所以也开始了名牌之旅。省下饭钱，辛辛苦苦地攒几个月工资，只是为了买兰蔻的口红、香奈儿的香水、宝姿的套装……而实际上，除了名牌带来的心理上的满足感外，名牌衣物和一件普通的牌子的衣服到底有多少区别呢？为了这点满足感，花去一个月或者几个月的薪水，是不是值得呢？为了能够和自己的名牌衣服搭配，还要购买其他名牌饰品，这样一来就陷入了恶性循环里——你要节约的就不是一个月的饭钱了，而是一直挤自己的吃饭钱。

其实，幸福的生活，稳定上升的工作，这些带来的快感是名牌产品无法替代的。从心理学的角度来说，内因才是事物发展的根本原因，也就是说，只有内在的成就感、幸福感才是我们积极工作、快乐生活的动力。

在一次问卷调查中，68.8%的受访者愿意自掏腰包购买名牌服饰，有的人对于名牌的年消费达到了22062元。更有调查称，我国内地奢侈品消费者已经占到了消费者总人数的13%，大部分消费者为年龄小于 40 岁的年轻人。

看来，大品牌不再是金领、富豪的专属品，我们这样的工薪族也可以尽情地享受大品牌。现在有一种很有趣的说法，某人拾到一个名贵的手提袋，如果是在欧美，人们就在 30 岁以上的女人中寻找失主；如果是在亚洲，则是在 30 岁以下的女人中找失主。的确，现在的奢侈品在亚洲受到的追捧比它们在故乡欧美更热烈，尤其是在年轻工薪族中。

但是对于我们工薪阶层来说，过多的名牌追求意味着高消费，而且有些名牌的价格实在令人咋舌，辛辛苦苦几个月挣的工资就买了一顶名牌帽了或一件名牌衬衣，太不值得。要让名牌成为你气质点缀，而不是沉重的负担。适度消费，量入为出，生活就会精彩无限。

买名牌，二手店也不错

2004 年 9 月开业的 V2 是北京比较老牌的二手奢侈品店铺了。在迷宫一样的建外 SOHO，估计只有老客户才能精准地找到它。虽然小小一间，店里的东西却满满当当，简单的货架上摆满了各种大牌的包包，全都用塑料袋包了起来，不时地有一些工薪族白领光顾，询问价钱，还有人拿着包包过来寄卖。

一些去过香港的工薪族，一定把"米兰站"列为必去的购物地点之一，这个拥有 13 家分店的名牌包专卖店终于也在北京开了首家内地店铺。在这里所有的二手包都得到了正价专卖店的待遇，基本清洁之后被摆在了华丽的货架上，服务也跟专卖店一样。高雅的环境、时尚的大牌，一时间真的忘了这些包包曾经有过其他主人。

名牌二手店，正悄然占据闹市区的中心地段，俨然成为时尚产业中重要的一环。去二手店的顾客大多是在附近公寓上班的工薪族白领一族，每到午休时间或是晚上下班的时候便是店里人气最旺的时段。

说到"二手"这个词，人们联想到的更多的是旧货、次品。然而，这个产业的兴起却改变了人们的想法。在国外，名牌二手交易已经是一个比较成熟的产业。众多奢侈品二手货交易网站中，最为我们熟悉的，应该算是全球规模最大的拍卖网站易趣了。去易趣上搜索奢侈品二手货，问价、议价、成交，只需要 20 分钟不到，就能完成交易，甚至连某些奢侈品的限量版也能购买到。

香港还有国外很多地方，明星的衣服一般穿了一次就不穿了，也有不少二手店专门出售这样的衣服，目前在北京还没看到过类似的店。美国大多数的服装二手店分成都是四六开：旧衫主人拿 60%，店主拿 40%。这样的店不仅可以将旧装增值变现，还让买不起名牌新装的人更容易穿上名牌，而且非常环保。

在重庆渝中区的某个酒店里就有一个二手店，20 平方米左右的房间常常挤满了人。一般都是 20 多岁的小白领，围着货架打量一番后，很快地选定了自己中意的服饰。巴宝莉裙子比原价便宜将近一半，资生堂香水也只有原价的三折左右。

29岁的鲁比就是那套资生堂香水原先的拥有者。她是一家合资企业的管理人员，常有到国外出差的机会。一周前，她将自己从日本买回来的一瓶香水送进"二手店"寄售，香水还没拆封，售价100元，仅仅是原价的1/3左右。

对于爱购物的鲁比而言，让衣橱"吐故纳新"是每年的必修课，但几千甚至上万元买的名牌衣服，穿过几次后就扔掉未免可惜，送人又有些不合适，寄售却可以得到些补偿。几个月前，通过一个朋友介绍，她在这家"二手店"为自己过时的衣服以及冲动购买的物品找到了归宿。除了卖东西，她还在这里买东西。春节过后，她在这里选中了一件价值500元的羽绒服。前不久有个朋友过生日，她又在这里买了一套款式好、九成新的首饰当作礼物送给这个朋友。

名牌二手店的存在，为鲁比这样的工薪族提供了便利，既能把自己不再需要的东西让给别人，让它的使用价值继续下去，也能低价买到自己喜欢的东西。这对喜欢名牌的工薪族来说，是一种双赢的生活方式。

相对于新品，二手店的商品更具有价格优势，这自然也是它们的最大卖点。在二手店里，衣服和包包上都挂有店家自己制作的标签，同以前的高不可攀的原价相比，这些包打折后的价钱显得更加平易近人一些。有的二手包由于保养得好，看起来和新的没什么两样，但是价格却只有原价的七成，便宜了几千元。即便是那些绝版的包，价钱也会比原价便宜不少。而且他们的货源真实可靠。因为进货时，货品的原主人会提供相应的发票等资料，并经过专业人士的鉴定，根据它的折旧程度、产地、版型、年份的不同得出相应的价格。

去二手店购物，花低于原价很多的折扣买到大品牌。这也代表着一种节约的生活态度。接受这个观念的人在需要购物时不会买新东西，而是选择到二手店淘货。买别人用过的东西，节约生活的成本。何乐而不为呢？

选打折商品，也要分真假

同一样商品，如果我们在打折的时段购买的话，我们就可以为自己节省一些钱。理财界有句俗话："省下一分钱就是赚到一分钱。"从这句话出发的话，我们选择打折商品购买，其实也是在赚钱。但是，如果我们一味地贪图便宜，买到假货的话，对我们来说，则是重大的损失。

任依依在朋友们的眼中是一个非常会过日子的人，她不会跟姐妹淘一起去抢购那些最新出来的衣服和鞋子之类的东西，她总是能够耐心等待，直到这些东西打折销售了，她才会出手去捡便宜。同样一个品牌的衣服，她的姐妹淘需要付出500元的价格，而她只需要支付300元左右的价钱就能够同样拥有，谁敢说她不会省钱呢？

不过有一次，任依依也就是因为贪图便宜，让自己吃了大亏。那一次，她在网上看到一件江南布衣羊毛衫的图片，跟自己在实体店看到的是一模一样，不过价格却有天地之差，实体店里一件卖380元，而网上只卖100元。当时任依依也觉得是不是质量不一样，但是店家跟她解释说因为想冲冠，所以才亏本搞这个活动的，保证正品，而且活动只搞一天，第二天就恢复原价了。任依依觉得时不可失，机不再来，就买了一件回家。

没想到才洗一次，那件羊毛衫就缩水了，并且严重变形。任依依到实体店里了解情况，担心是不是自己处理不对，所以影响了衣服的形状。而店家告诉她他们的品牌没有网店，也没有网络销售的渠道。任依依立时意识到自己买到了假货，回家上网找原先的店家，该网店已经关门了。任依依白白花了100元，羊毛衫也不能穿。

从任依依的经历中，我们可以看到，如果只贪图便宜，看到打折的商品，就不辨真假买回家的话，很有可能把自己置于财货两空的境地。看任依依买的毛衫，只洗一遍，就严重脱水、变形，根本就没法用，这就等于她白白花了100元却什么都没有收获，财货两空。

社会上有些不良商家为了赚钱，就利用大家贪图便宜的心理，拿一些山寨货来冒充品牌货来进行打折销售，如果我们不懂得辨别真假，我们就会落入他们的圈套中，买到一些质量不保证的产品，让自己的财产白白损失。所以，当我们为了节省开支而选择消费打折商品的时候，也是需要分辨商品的真假的。那么，我们应该如何来辨别商品的真假以保障自己的资金呢？具体来说，可以从以下几个方面进行：

一、通过商标辨别商品真假

我们在购买打折商品时，看看商品或者包装盒上的条形码、编号或者观察商品细微之处的一些小商标，就可以发现与常见的商品品牌是否对得上号。

但是，用这种方法来分辨一般假的商品也许会管用，而用来对付精仿的商品还远远不够。因为有些造假工厂确实比较强，他们有着雄厚的资金，实力很强的设计师和开发人员，目的就是要和原有品牌做得很相像，所以识别起来有难度。

二、通过材质辨别商品真假

真假商品材料肯定有所不同。这点很关键，因为之所以一个牌子的商品卖得贵，除了要做自己的品牌广告和开发费用之外，鞋子本身用的材料也确实很贵，成本就摆在那里。就算打折也会在成本之上的一段价格空间浮动。那些折扣过大的商品，材料在质感和属性上差不多，但档次却相差很多。做工上也是有区别的。

三、通过小细节辨别商品真假

就算一些打折商品依靠成功的造价手段，在前面几处瞒天过海。但是，真的假不了，假的真不了。在细节和质感上总能发现一些打折假货的纰漏。

我们要理性看待打折等促销手段，商家是不做亏本生意的，我们不要被其迷惑，盲目消费。在我们守住自己的钱袋子的时候，一定要睁大眼睛，防止一些假货打着名牌的幌子来欺骗我们。

出席重要场合，租用名贵服饰

长期以来，人们总认为只有自己买来的东西才真正属于自己，用起来才心安理得，于是家里的东西越来越多。事实上，很多买来的东西都会随着时间的流逝而没有了用武之处，甚至有时候你还得为处理这些东西而大伤脑筋。

当我们的工薪族还在为买东西和卖东西头痛不已时，时髦的英国人走在了我们前面，他们选择了一种更为方便的方法来解决上面的问题——租借！

英国前首相夫人莎拉·布朗在出席正式场合时所穿的昂贵名牌礼服均为租借而来。布朗夫人通常是自掏腰包，花几百英镑租借这些服装，其中包括她与各国领导人配偶出席 G20 峰会时所穿的一件价值 9000 英镑的上衣。

为出席近期的晚宴等活动，布朗夫人从英国设计师阿曼达·威克丽那里租借了礼服。在招待墨西哥总统的国宴上，莎拉所穿的一套裙装就租自这位设计师。她还从布雷特·林特尔和格内木·布莱克等设计师那里租借过裙装和上衣，其中包括她在G20峰会官方宴会上所穿的一件上衣。

布朗夫人曾自己开公司，是一位成功的公关主管，但当布朗就任英国财政大臣后，为避免利益冲突她辞掉了工作。据称在布朗担任首相期间，莎拉将她与布朗共有的一处公寓作为抵押，向银行借钱支付日常开销。

上至首相夫人下至工薪白领，租借使人们享受到了一次性消费使用的乐趣。这种"租生活"代表了一种理性的消费方式，它的流行是现代年轻人消费观念逐渐转变的一个体现，反映了现代人既要求生活丰富多彩，又追求成本最低的生活理念。

俗话说得好："买不如借，借不如租。"可不可以租一个呢？答案是肯定的。因为当我们去租一个东西的时候，看中的是商品的使用价值。

特别是短时间内需要的东西，如果是因为价格让我们只能远观而不能亵玩的话，那么把它租来使用，这无疑是适合我们工薪阶层的消费方式，你只需交付一定的押金便可获得这个服饰的使用权。

曾悦儿是一个25岁的外企小职员。临近年末，公司要开十周年庆典，届时将邀请业界精英和社会各界名流来参加，指定她做主持人。这下，曾悦儿可为难了。为了办好这次盛会，主持人的穿戴很重要，因为在某种程度上能显示公司的综合实力和对各位嘉宾的重视程度。但是像自己这样的小职员，月薪才3000元左右，平时的穿戴很难登大雅之堂。只是买一件精致的晚礼服要5000多元，而且还要配上恰当的首饰、精致的高跟鞋等，一身行头下来得15000元，对于像自己这样拿月薪上班的人来讲真是天文数字啊！

有一天，她浏览网页时无意中发现，有的店铺出租晚会的服装，看了一下，衣服加首饰总共也就每天300元，于是心里的这块石头终于落了地。在公司庆典当晚，她穿着高贵的晚礼服走上台，带着自信的笑容欢迎各位嘉宾的时候，台下响起了热烈的掌声。

像曾悦儿这样的工薪族，平常上班的穿着相对来说都很生活化，名贵的服装和首饰几乎用不上。但是有些不得不去的重要场合，穿平常的衣服就显得不太合适了，比如像公司的庆典之类，最好是穿上晚礼服，戴一些珠宝首饰。可是，当晚会的音乐停下后，就意味着这些服饰将被束之高阁。所以，租赁无疑是一个好主意。

现在，要想跟上租借这种潮流，让有限的钱带来无限的享受，一条路是找人租，一条路是跟人换。现在，从名车游艇到手包服饰，从名画宠物到电钻帐篷，都可以从租赁公司短期租赁，也可以在网上与人互换。

这显然就是"瞬时消费主义"在现实中的一个应用表现了。它以"丰富""移动"以及"时尚"吸引了越来越多的消费者，满足了人们对奢侈品"心动不如行动"的美好愿望。很多年轻人对那些昂贵的首饰、名牌服饰、高级轿车乃至名贵手袋等都很向往，但除了极少数的天之骄子外，绝大多数工薪族并不具备购买的经济实力。现在就有一个很好的省钱秘籍——不买，就去租吧！

以衣换衣，省钱新潮流

女人们都有很多衣服，可常常又觉得自己缺很多衣服，有时候买了一条围巾，又要合计着给它搭配一件合适的上衣、合适的裙子，即买了鞍子，要配一匹马。很多衣服，购买时欲望十分强烈，以为能达到多美好的效果，不过到家之后镜子前照两下，发现不喜欢就丢在一边。于是那些有着"天生购物狂"基因的女性们，很快陷入一种进退两难的境地：只穿过一次的衣服就不喜欢了，留着吧，占衣柜；丢掉吧，又舍不得。

在有的人还在为自己积攒的大包小包的衣服头痛时，一种以衣换衣的处理衣服方式开始在办公室风靡起来。为了给被淘汰的衣服找一个归宿，很多女性开始了换衣之路。

大清早，当25岁的于萌提着两个大包出现在办公室时，她立刻受到了其他女同事热烈的欢迎。"我们早就到办公室来等你了！"怕部门主管干预，她们换衣的时间一般是在上班前或午休的时候。当于萌打开大包时，女同事们发现里面竟有40多件夏衣，风格、款式五花八门，每一件都符合办公室旧衣交易衣服得是八九成新的惯例，而且，还有好几件衣服连标签都还没扯，属于那种刚买下就后悔的衣服。

于萌是个穿衣风格多变的人，有时忽然喜欢上欧美风格的衣服，那么日韩风格的便被自己淘汰了。而这些在她眼中"过时"的衣物，却深得一些同事的喜欢。于是，看到于萌大包里的衣服后，大家便一头扎进口袋中挑选起来，还不停地在玻璃窗比照一下。不过，要想获得这些衣服，给钱似乎有点磨不开情面。于是，她们便选择了以衣服换衣服的方式。

每个女同事的办公桌内都藏着一两件被自己淘汰的衣服，等待着寻找新主人。30岁的英英姐办公桌内就有一件束腰的碎花裙，那是她生宝宝前最喜欢的一条裙子。她想拿这条曾经的最爱，来换于萌的大T恤衫。英英姐本来还担心平时的"时尚达人"于萌会看不上这条几年前买的裙子，没想到，于萌一看就爱不释手，还笑着说："今年又开始流行碎花裙了，复古风噢！"英英姐顺利地拿到T恤衫后，忍不住感叹："时尚这东西，真是让人难以捉摸啊！"

在主管上班之前，于萌的40多件旧衣已经分散在十多位同事的办公桌里了。她也顺利地换到了同事们的十多件衣服。

我们身边有很多像于萌这样年轻爱美的女性，她们的衣服大多因一些无辜的理由被打进"冷宫"："颜色不配肤色""穿上显胖""过时了"……穿着无味，弃之可惜，而以衣换衣则很好地解决了她们的难题。

由于换衣的存在，即便是自己长胖了，衣服还可以留给苗条的同事；如果不喜欢自己原先风格的衣服了，那种风格的衣服却刚好被同事看上了……这种连换带送的方式，既能为旧衣找到好归宿，也能拉近同事之间的关系。

女人的衣柜里总是少一件衣服，即使在荷包扁扁的时候，她们还是会觉得没有衣服穿，她们总是会想要是衣柜里再有件中意的衣服就好了，但是花钱买又很心疼。现在换衣的这种方式正好适合她们，拿自己不想穿的衣服和别人交换，不但省钱还能扩大自己的交际面。

不仅年轻的女性朋友之间私下换衣，而且现在也有的小店开始经营换衣业务了。如果有的衣服你不想穿了或是穿不了了，你可以把它洗干净后放在店里和别人交换。虽然店面很小，但是很多顾客拿着大包的衣服过来，只要看到店里有她喜欢的衣服，就可以直接交换了。店长介绍说，最近客人非常多，比上个月多五成左右，这五成客人又带了东西来，所以，小店里面的种类越来越丰富了。

让被自己打入"冷宫"的衣服成就另一个美丽，不也是很好吗！

服饰织补，也能省钱

织补，早已成为国际上的风潮。在日本，有个叫paper的品牌。每年，它都会举办一次"改衣秀"，也就是把那些二手牛仔衣裤翻出来，经过水洗、漂白、染色、剪裁等多道工序，把它们变得更加时尚。而在欧洲，把二手衣服改为新服装已经流行了很久。因为这样不但可以环保，而且还可以节省下买新衣服的一大笔钱。所以说，服饰织补，也是我们省钱的一大绝招。

把自己过去的衣服改造一下，成本相对于一件新衣服的价格并不高，一般的工薪阶层都可以承受。但这样小小地改动一下，不但让衣物有了新的生命，而且在省钱的同时也会多几分生活情趣。有时买了一件衣服，不论在颜色、款式、风格上，自己都十分满意，但是过了半年，自己的体形变瘦或变胖了，腰围稍粗了，穿上这件衣服有点紧了，这时候不妨拿去改改，这样可以让自己的衣柜里多一件可以穿的漂亮衣服呢。

10年前作为服装厂销售经理的潘军敏在各大百货商场推销皮衣，当时的生意做得并不成功，他也嗅到了以保暖为功能的老式皮衣将逐渐式微，准备转行。正在寻找新出路的潘军敏受到了朋友一句话的启发。他的一个朋友是专门做裤装销售的，他偶尔说起每月光花在修改裤长上的钱就好多。于是，潘军敏做了一项调查，计算商场每月裤装的销售，得出每月的大概收益。

2001年，潘军敏的改裤脚的小生意在百盛做了起来。"当时并没有把它当作长久之计，只是觉得商场的生意很稳定，暂时先做起来。然后骑驴找马，寻找更好的项目。"潘军敏笑笑，结果他所创办的"一针一线"一做就做到现在的18家店。

随着上海越来越多新式社区的出现，以前常见的私营小裁缝店已经越来越少；更重要的是，衣服越来越多元，许多版型的衣服必须经过修改才能适合亚洲人的身材；许多人不知把贵重衣服送到哪里去改才放心。这些体现在到"一针一线"的顾客提出的要求越来越多，从最初单纯地改裤脚，进而到针织品、皮具等各方面的要求，"一针一线"也随着顾客日益增加的要求，业务越做越多。

从潘军敏的创业故事中我们可以看出，衣服织补是多么的普遍而必要。

想想我们平时，是不是也常常有这种情况呢？比如说，上班的时候，裤子上用于点缀的扣子被椅子弄下来了，这时候难道你舍得把裤子扔掉吗？调皮的孩子在上劳动技能课的时候，一不小心用小刀划破了裤子，扔掉太可惜了。其实这时候你只要拿起针线缝缝补补不就解决了吗？或者我们干脆拿到修理店让老板来做，让其绣上些小图案或是做其他的处理，不但一件衣服又保住了，而且也就只花几元钱。

只要我们有心，残次品被改装后一样会变成宝，依然可以展现我们的风采，还可以省下不少钱，留住曾经珍贵的记忆。

第五章

出行省钱
——费用缩减,风光不打折

多走路少打车，瘦身又省钱

高科技发明使我们这些工薪族的工作效率提高，减少了持续繁重工作的体力辛苦。碰上一些懒得动弹的工薪族，工资还不够自己买车，往往就是打车上班，然后在格子间的电脑前坐一天，下班继续打车回家。不想，无意之间需要支付一笔不小的交通费。

冯女士，27岁，月收入平均3000元，没有年终奖；乔先生，28岁，冯女士的爱人，月收入平均4000元，年终奖金近1万元。两人刚结婚不久，没有孩子，父母身体硬朗，不需要接济，过日子经常会入不敷出，有时还需要向老人伸手要钱。

两人结婚已有半年，从校园爱情走入婚姻的他俩也延续着恋爱时的经济政策，两人的收入支出都是各自为政，一开始双方觉得仍然有恋爱时的感觉，不时相互买点小礼物，给对方一个惊喜。两人大手大脚的花钱习惯一时难以改变，每月算下来根本没有什么剩余。

冯女士算了一下每月的基本开销：交通、通信费每月1200元；水电煤气费200元；餐费2000元（其中很大一部分是花在外出就餐上）；宽带与固定电话费150元；服装和娱乐方面的开销大约2000元；每月朋友聚会随礼等花费1000元。"我现在一出门就想打车。"冯女士说，有时候和丈夫出去吃饭、逛街，经常是一出门就打车。再加上她家离地铁还有个十几分钟的距离，他俩习惯打车上班，算下来加上平日出行一个月光打车就花了近千元，他们决定以后还是能步行就步行，尽量每天坚持步行坐地铁上班。

在健身房充斥街头巷尾的今天，对于没有闲钱的工薪族来说，像冯女士这样打算步行上下班，不失为一个省钱的运动方式，既达到了理财省钱的目的，又使自己的身体得到了锻炼。

也许有些工薪族可能会抱怨，现在工作压力这么大，哪有时间去健身房，尤其是有时还得加班，回到家里就很晚了或是累得不想动了。可是，运动不一定要去健身房啊，没时间去运动减肥，上下班走路也可以瘦身的。

步行从健身方面来说，是达不到立竿见影的效果的，特别是对于一些想减肥的女士来说。走路是一种很好的运动，可以让机体处在运转状态，运动是需要积累的，关键是坚持。总的来说，走路对全身关节灵活性起到很重要的作用。

步行对身体很有益处，这是大家都清楚的事情。例如，步行能够增强心脏功能，增强心搏输出量。如今，女性对自己身材的重视程度与日俱增。相关资料显示，以每小时 4.8 公里的速度步行 20 分钟，热量消耗最快，有利于减肥。所以，对于那些正为自己的肥胖犯愁甚至打算采用节食或吃减肥药等方法减肥的人来说，试试步行上下班，倒是不错的选择。

走路不仅帮我们实现瘦身的愿望，而且还能自己掌控时间。

轻轻松松地加入"走班一族",利用"走路"这个低运动量、省时间、随时可以进行的简便运动,可以让我们达到省钱又瘦身的效果,走出好身材。

买车,适合自己的最好

对于年轻的工薪阶层来说,虽然买房子还是遥不可及的事情,但是积攒了几年后就可以给自己买辆车了。尤其是在大城市,住处和上班的地方距离很远,所以我们很容易就成为有车族。

有些工薪族买车是为了上班出行的方便,而有些人则是出于攀比的心理,觉得别人有车,自己也要有,不顾自己的经济实力,追求豪华的车,到头来,可能被车子压得喘不过气来。其实,买车最好是在自己有条件的情况下,根据自己的经济实力,选择最适合自己的。

季舒的计划只是想买一辆代步的车,总价五六万元。他当时考虑买一辆二手。有同事说,二手车总不好吧。他觉得挺有道理的,于是把买二手车的计划放弃了。于是他把购车资金从五六万加到八九万。他到汽车城挑车,车子实在太多。导购员说,八九万的车只能算是入门级,如果加上一两万元,就可以买更好的车。

季舒一思考也对,自己是工薪阶层,不可能常换车,如果添一万元可以买到更好的车,何乐而不为呢。于是,他把购车资金提高到了十万。但他在选车过程中,发现车子的配置五花八门,空调是不是自动的,有没有天窗,气囊有几个……导购员对他说,如果是自动恒温空调,驾驶时会感到更加舒适。季舒觉得有道理,就按导购员说的选购车……

车子选定后,车价飙升到12万。回来后,和同事聊起这车,但他们说车价有点高了,如果买这车不如再加点钱买辆自动豪华型的,开起来也轻松。季舒考虑了一下,觉得这个建议好。他把所有银行存款拿了出来,用17万元买了一辆集"优点"于一身的新车。

季舒每天开着新车,却很忧郁。养车每月需要1000多元,家里没有余钱,心里总是空落落的。前段时间,他的母亲患了一场大病,季舒不得不借了5万元。本以为有了车自己会很快乐,谁知自己被这车"套"住了。原先季舒的车每天擦得锃亮锃亮,现在,这车灰扑扑的,经常停在楼下,他能不开就不开,现在,季舒连折价卖车的念头都有了。

季舒原本只是想买个代步的车,预算也只是五六万元,但是,后来在导购员的忽悠下,花了17万元买了一辆。这个价格远远超出了他的预算。而且对他来说也是一个非常大的负担,也因为这辆超预算的车让自己的生活陷入了一连串的困境中。所以,我们要从季舒的经历中吸取教训,不要想着一步到位,一下子就把大把的钱砸在一辆车上。

要知道,车是一种消耗品,它是需要我们后续不断地花钱来保养它的，越好的车，其保养费就越高。如果我们的月工资只有3000元，却用自己10年的积攒买了一辆20多万元的车，其保养费每月至少都需要1000元，这样，我们的工资就只能剩下2000元了，这些钱连我们的日常生活都没法应付，更不要说有余钱去投资生财了。所以，为了我们的财产健康，我们不要不自量力，买超出自己财力负担的车。

买车，适合自己的最好，如果生活确实需要车，就买自己养得起的车吧。不要为了面子问题而买那些价格高得离谱的车撑门面。说白了，车就是一个交通工具，能动就行。

没有最好，只有最合适，按照实际需求选择适合自己的车，不但省心还省钱。购车切莫凭一时冲动或人云亦云，尽量排除感性成分。选定车型前，工薪族不妨亲自操驾试开以亲身感受体验车的各项性能。

量力而行，盲目出行乱花钱

对工薪阶层来说，旅行是对生活与工作压力的暂时逃离，也是在为下一步的奋斗积蓄力量。旅游、出行逐渐成为工薪族节假日的重要选择。但是，很多人都觉得，动一动就要花很多钱。其实，只要我们精打细算，制订合理计划，巧妙安排，出行就不会花费很多钱。

上海世博会期间，在北京工作的邓敏想趁端午节放假到上海去看世博会，但是无论怎样算计，都觉得3000块钱不够用，结果只好取消了这个计划。可是端午节放假结束后，同事小崔来给邓敏送了一份关于上海世博会的纪念礼物，而且不光是邓敏，所有的同事都收到了。

这时候邓敏才知道小崔去了一趟上海，便赶快问花费了多少钱，小崔说用了不到2000元。邓敏觉得光是来回机票和住宿都不够。可是小崔说："机票是我早就预订的，打8折；住在一个朋友家里，不用花钱。"邓敏说："原来你在上海有好朋友，那就难怪了。"没想到小崔说："原来不是好朋友，不过现在算是了。我在网上了解到，他想要来北京玩，我们经过协商就交换了一下房间，这样我俩都没花钱。"

小崔的办法果然很妙，但是要注意，交换房间的时候，还是要对对方的人品有一定了解，否则极有可能引狼入室。不过，如果异地有亲戚、同学、朋友等，大家互相交换住处倒是一个很不错的选择。

从这件事可以看出，只要采用一些巧妙的办法，避免盲目乱花钱，完全可以省出很多钱来，这样工薪一族就可以山南海北任我行了。

旅行最省钱的，莫过于现在的"以玩养玩"族了，因为他们没钱也能旅游。对于经济并不是很富裕的年轻人来说，可以找一些有共同爱好的人，组成旅游小组，共同参团，由于参团人数多，价格自然比一个人报团的费用有所优惠,有的旅行社还会减免几人费用的,比如:10免1就是带10人参团,免掉1人的费用;还有些户外活动网站,如深圳悠然户外,对版主就实行免费或者部分免费。所以,只要你在活动中争取做版主或者领队协作,就可以在自己不支付任何费用的情况下去旅行了。

可惜的是,并不是所有的人都有足够的好运,成为"以玩养玩"族,但是对于普通的旅行者而言,只要做好计划,出行时量力而行,也能达到省钱的目的。

工薪族在出行中,可以从以下几处减少出行花销。

一、拼车代替打车

想要外出旅行,坐公交车太慢,打的成本太高,而且要是一时打不到,反而耽误时间。而拼车无疑是最好的选择:对于没车的朋友来说是实惠的;对于有车的朋友来说,出去玩一趟,还能赚回油钱来,何乐而不为呢?其实,除了出游,就是每天出行上班的时候,如果能够捎上几个邻居,大家共同分担一些车费,也是非常不错的选择。

除了拼车外,还可以拼景点,比如大家都想去同一景点,完全可以自行组织起旅行团来。既不必花钱请旅行社帮忙,又可以享受一些团体的优惠。此外,一起吃饭,一起买东西,都比个人出行实惠得多。

二、自备伙食,只吃特色

出门在外,吃饭是一个比较大的开销,工薪族可以精打细算,不在这上面消费太多。有的人去一个地方玩了几天，不但身上带的钱花光了，而且卡上的钱也没了，甚至还需要父母的支援才能够顺利回家。所以在外面旅游的时候，让自己吃好吃饱，还要少花钱，也是要技巧的。

一般来说，工薪族去景点游玩之前可以在自己住处附近买一些我们必须的水果、点心、饮料，尤其是矿泉水比较重要。这样，就不用再去景点内乱花钱了。一天下来，至少要省下来四五十块钱。

玩了一天，一日三餐是必不可少的。我们可以去小吃一条街去品尝当地的小吃，因为往往这些小吃都是当地的特色美食，价格也不会太贵；或者去吃老字号，因为老字号小店的生存靠的就是当地群众和回头客的口碑，它们饭菜价格公道，口味也非常适合大众，我们可以放心品尝，还不用担心饭菜的卫生问题。

三、网络订酒店更便宜

除了车票、饭钱，旅行时的住宿也是一项很大的开支。而网上预定旅馆是一个不错的省钱办法。一般网上订房的价格大部分都要比市价低出30%左右。工薪族应该在出发之前的5～10天，通过网络比如中国酒店网、行程旅行网、中国订房网等预定一个房间。

例如我们要去北京玩，就可以登录它们任何一个网站，选择北京，填上入住和离店的时间、房间数、人数，然后选择一下房价范围、酒店等级，点下"搜索"，网站就会提交给我们多家当地酒店的信息，还会告诉我们每家酒店的地理位置，如何坐车，房价每天多少钱，有没有免费的早餐及房间内的设备等。

万事就怕留心，旅游也一样。在旅游的过程中花钱的地方很多，节约的办法也很多。我们要根据实际情况自己把握，该省的一定要省。旅游中，只要精心计算，就可以做到既节约而又不影响旅游的质量。

做好计划，提前购票价格低

如今，喜欢旅游的人越来越多。那么如何在花钱游山玩水的同时，做到花钱少玩得好呢？我们不妨学着一边旅游，一边理财。

在出游之前，工薪族首先要制订出游计划。选择出游目标时要突出重点，再以重点目标为中心沿途选择其他次级目标。接着，可以根据自己的计划安排提前购票。比如，你住在北京，打算去九寨沟旅游，在去之前提前买好车票和景点门票。这样的话，当你到了去玩的时候就会省下不少钱。

车票、门票这两个票在我们的出行消费中占了很大的比重。有些年轻人喜欢"上轿时打耳洞"，也就是出行时才去买车票或是到了旅游景点才去买门票。其实，如果我们早早地做好计划，提前订好车票、门票，就会节约很大一部分旅行成本。预购票多比现票有一定程度的折扣，预定期越长，折扣越大。

李韵诗，25岁，平日在大城市里过着朝九晚五的生活。为了给自己的生活增加一些乐趣，她平均每年都会有两到三次的中长途旅行。作为一个普通的工薪阶层，她崇尚节俭不腐败的旅行原则，所以每次出行前她总会好好地准备一番，就算是一定要坐飞机，也要货比三家，然后再优中选优。

在买机票前，李韵诗一般都要上网登录旅游搜索引擎，输入出发地以及目的地、出发时间等，搜索所有网上的机票价格。有时碰上一些航空公司推出的优惠活动，还会为自己的旅途省下不少钱。现在她总是会提前半个月或是一个月就开始预定往返程的机票了。

长时间的出行经历让她慢慢地摸索到，机票都是由低舱位向高舱位销售的，也就是说，我们先买到的是折扣较低的机票。另外，很多航空公司都制定了提前购票的优惠政策。例如，提早45天、30天、15天买票，折扣会由2折向2.5折、3折递增，买票的时间越早，折扣就越低。上次去海南，她的机票比正常的票便宜了700多元，这让她高兴了好几天。

从上面李韵诗的旅游经历，我们可以看出提前做好计划，早点买票对于工薪族来说真的是实惠不少。就拿车票来说，就有很多省钱的小窍门。比如像李韵诗那样出行前计划好返程的时间，这样就可以同时购返程票了。现在的一些航空公司为了招揽顾客，打出了"提前预订机票可享受优惠"的口号，并且买同一家航空公司的来回程机票往往会比单独买去程机票或回程机票便宜得多，通常可以低达5%~10%。而在预订火车、汽车票上也同样存在优惠，就拿预订火车票来说，票买得早，就可以免去临时买票的各种手续费用。

在买飞机票时，我们可以先上网查查有没有低折扣的机票。如果能提前确定好行程就尽早买票。一般情况下，我们可以提前7天以上预订机票，这和起飞当天再买票比起来，票的差价可高达四折以上。现在很多航空公司还开始放出少量的特价舱位，如果你提前30天购票可以享受2.4折优惠，提前15天购票可享2.9折优惠，而提前7天购票最低也是3.4折优惠。

车票省钱的方法很多，其实门票也可以提前买。门票一定要等我们到了旅游景点再买吗？答案是否定的，在制订计划后提前通过网络或者其他途径获得打折的景点门票，这样也能为工薪族带来实惠。

由于日常工作繁忙，苏沁没有太多和孩子在一起的时间。去年暑假，苏沁特意请年假带孩子去香港的迪士尼玩。在去之前很长时间，她就开始在网上搜罗关于迪士尼的介绍，偶然间看到了淘宝上可以买到优惠票，就仔细地看了很长时间。虽然这家店的级别不是很高，但是信用度100%。她又仔细观察了一下，这家小店往来金额数目较大，不是炒作的那种；买票的客户级别比较高，不局限在几个人身上；服务也很周全，让人有一种放心的感觉。于是，她就选定了这家掌柜，和他聊了很长时间。掌柜明确表示，她可以先去玩，回来后再把钱从支付宝打给他。

迪士尼的正常票价是345元，而苏沁在这家小店只要310元就能买到了，一下子便宜了不少。每张海洋公园的票也可以省下20多元。就这样，苏沁一下子就在票上省下了200多。

除了像苏沁那样通过靠谱的网络平台，买到便宜的门票外，工薪族还可以提前在网上查找相关景点的免费门票信息。有很多景点都有免费开放的日子，比如每年9月的第三个星期六是"全民国防教育日"，圆明园是免费开放的。这时就可以不用花钱，而去观光一日了。因此，我们可以通过网络查找一下，记录下各个景区免费开放的日子，旅游起来就会省下很多门票的花销。

我们是不是担心发生意外变故，打乱拟订好的出行计划，因而不愿意提前订票？其实旅游和其他任何事情一样，都需要计划进行，而不是赶鸭子上架地盲目进行。在计划周全的情况下，即使发生意外变动，我们也可以有条不紊地选择其他方案，尽量减小影响性，保证预定目标顺利实现。

计划好出行的时间，提前买好门票和车票，不但没有了出行时排队等票的心烦意乱，还能节省旅行成本，轻松出行。

旅游不跟团，学会自助游

提起旅游，可能很多工薪族觉得跟团去很好，因为导游对每个景点都会讲解得很细致，而且一路上的门票、住宿饮食和车票，旅行社也都有人打理好了，不用自己操心，很省事。

其实不然，跟团旅游一不小心就成了"购物游"或者"赶场游"，回来之后，很多有过跟团经历的工薪族会觉得自己花了钱，反而没有玩痛快。

戴秋和办公室的几个小姐妹都想要去黄山，于是她负责网上查了几家旅行社，又打电话跟其中的一家旅行社说好了，有4个人要参加这次黄山三日游。报了名后，那家旅行社的服务人员用传真发来了其他地区的旅游价目表。于是大家就确定一起跟着这家旅行社出行。

跟着旅行社，最大的缺点就是无法自主地安排自己的时间。在她们爬黄山爬到半山腰的时候，戴秋发现不远处的山间有一团雾气在不停地变化着，色彩很奇特，想用摄影机拍下这一段奇特的景象，可是刚录了10分钟，导游就带着队伍把她落得很远了。戴秋只听见大喇叭不停地喊自己，所有的团员们都在前面喊她，她不可能再专心致志地录像了，只好收起录像机，跟着大家往前走。可刚过了一会儿，导游却说，大家就在这儿休息一会儿，当时戴秋不是很累，还想转转，但是也得坐下来跟着大家一起休息。

到了一个小阁子间里，导游就让每个人买一个安徽黄山的纪念包包。不是让游客自愿去买，而是发给大家，让每个人交20元钱。其实要说也不贵，戴秋只是觉得对自己没什么用处，家里的包很多，而且那个包包也没什么用，带着还麻烦，就没买，可就因为没买，去另一个景点的时候，导游让她最后上车，路上对她也是爱答不理的。

俗话说，众口难调。戴秋他们这次旅游经历，是现在很多跟团游的普遍情况：跟随旅行团出游，自己的时间被安排得很死，有些景点根本没看够，但是导游已经请我们动身往下一处了；而有一些地方根本就没什么兴趣，还得苦苦等待别人。即使这样，也得向旅行社支付不少费用。

其实，如果自己想出去好好玩一趟，还是自助游比较好，这也是近年来越来越受到欢迎的一种旅游方式。如果自己走，既可以省钱，又能够随心所欲，潇洒自在。

现在，许多工薪族都会独自背起背包，带上睡袋和日常用品，就朝着自己的目标进发了。这是最自由的一种方式，我们可以根据自己的财力、体力和心情来决定走多远，吃饭、住宿都可以自己安排。这种方法的安全系数稍低一些，所以我们更多地看到，一群背着自己行囊的旅者，一起向前走，他们有着丰富的野外生存技能和旅游知识，又有着相似的爱好。与这样的一群人共同前进，不仅可以增加安全感，而且还能学到很多知识。

自助游最好的一点就是自由灵活。一个或几个人结伴出游，选择性更大。比如我们和同事们去登长城，玩着玩着，突然刮起了风，这时我们完全可以临时改变主意，转路去故宫。但是如果是跟团的话，原来计划的事情肯定是无法改变的。即使半路回来了，也不会退回多少钱来。

选择自助游的工薪族除了要花车费、景点门票以外，就是自己的食宿费了，基本上不再需要别的费用了。

首先，省车费，工薪族要提前在网上查好要走什么路线，避免坐错车。在时间允许的前提下不要乘飞机而是坐火车或是卧铺汽车，因为这样不但省钱，而且坐卧铺车还可以保存体力。如果碰上蹭别人包的车返回，那么讨价还价的空间就更大了。

其次，省住宿费，自助游可以尽量住便宜的招待所，只要附近交通方便，室内干净，环境不要嘈杂就可以了。自己一个人出行时要包间，这是保证个人财物安全的需要。另外，除非无可选择或在特热的地区，尽量不要空调，尽量降低住宿的费用。

再次，在伙食上、卫生条件可以的前提下，要选择中低档的餐馆，也应尝试一下当地的特色，如果想吃当地特产如河鱼、湖鱼等，最好自己先到农贸批发市场去买，然后拿到餐馆里加工，这样会省下不少钱，当然前提是应先了解餐馆的加工价格，但是如果是吃低档次的海鲜就不需这样了。

比起跟团游，自助旅游更适合我们工薪阶层，不但能压缩我们的出行成本，还可以让我们玩得很尽兴。也有一些工薪族中间派安排选择"半自助"，几个家庭或者一个单位组成十余人的小团队，并可根据自身需求进行微调。价格虽然比普通的旅行团略高，但远低于完全的"自游人"，同时还可以享受充分自由，省事又省心。

避开黄金周，出行更省钱

黄金周，是所有的商家最好的赚钱时间，这个时候出去旅游，什么费用都很高，所以现在很多人选择避开"五一""十一"黄金周出行的旅游策略。

黄金周前后一个月到两个月的时间里，大部分旅游线路正处于淡季，如果在这个时候去旅游，降价的就不止门票了：景区附近的旅馆、景区内的一些消费和服务项目，都会有所下降；而去往某些地区的飞机，机票价格甚至会低至两三折。于是一些工薪族便琢磨着淡季出行，既旅行放松又不会花费太多。

家住北京的于泽度一家，并没有像往常一样在"五一"黄金周期间出行，而是提前了两个月。因为他经过对比各大旅行社的报价发现，同样的路线、游程、条件，黄金周时的价格会比平时至少高出30%左右，最厉害的差价设置可以高达70%！而3月份出行，价格一般是最实惠的。所以夫妻俩把假期提前了两个月。在3月份的时候，他们带着7岁的儿子飞往了三亚度假。此次海南三亚双飞5日游每人只需花1450元，比"五一"期间的价格便宜了近700元。

他们下了飞机后，就直接住进了在网上订好的一家酒店的标准间。平时这家酒店的标准间是180元/天，因为淡季空房间特别多，所以酒店就在网上推出打折价100元/天，而且如果连续住3天的话还可再享受8.5折。这样下来，他们一家只需要每天付85元，就可以住在卫生条件很好、服务人员热情周到的大酒店里了。然后到了景点一看，各个景点为了应付淡季人流稀少的难关，门票比平时都有所下调，这无形中又节省下了一笔钱，而且在游玩的过程中，没有像"五一"或是"十一"旅游时那样人头攒动，到处都是挤得不可开交的局面。他们带了一架相机，边走边拍，悠闲自在，每天都玩得很开心，累了就回到酒店洗个澡，睡上一觉。回来以后，于先生盘算了一下，这次旅游比旺季时旅游至少节省了1000块。

于先生一家选择淡季旅游是个好主意，这样不但能够避开旅游的高峰期，躲开拥挤的人群，而且旅游费用也大大下降了。

一般而言，除去春节放假时间，每年的11月份至次年的3月份是旅游的淡季，因为这个时候，天气比较冷，景点也开始"过冬"了，票价也在"缩水"，各大旅行社也纷纷打出淡季特色项目，比如门票打折等。所以这时加入出游的队伍中，可以比旺季出去旅游省30%的费用。

但是还有一些工薪族则有疑问：淡季出游，如何能够更省钱呢？网络上晒出的各种省钱攻略、旅游宝典，让消费者眼花缭乱。在旅游淡季，旅游产品价格本来就低，如何能更省钱，就要花一番心思，动一番脑筋了。

一、出行时间巧安排

对于上班的工薪族来说，身在岗位就身不由己，时间就成了淡季旅游中最大的一个问题。

如果是需要3日以内的短途旅行，工薪族可以安排在周末出行；如果是3日以上的长途旅行，工薪族可以利用带薪年假加上周末节假日的时间出游，在工作和经济允许的前提下，避开旅游出游高峰安排假期，不仅不受季节和时间限制，而且能够更经济地选择产品。

二、淡季旅游最合适自由行

一方面，游客可以利用旅行社在交通、住宿和门票方面的优势，预订套餐产品；另一方面由于人流量小，游客还可以自由选择航班、酒店、房型、出行日程等，而且旅游行程不受传统团队的约束。

如果经济条件好，在淡季，可优先选择飞机，提高观光效率。同时航空公司在淡季为了揽客一般做出提前预订机票可享受优惠的规定，且预订期越长，优惠越大。通过自由行，游客可以享受团队机票折上折的优惠。

淡季有这么多可去的地方，又能浏览美景又省钱，工薪族何必在旺季和大家一起去"花钱买难受"呢？虽然挣钱的最终目的在于享受生活，但如今赚钱不易，花钱也得衡量一下值不值得。在家庭旅游计划的安排上，也要尽量做到物有所值。避开黄金周，免得花钱买罪受；淡季出行，省钱又玩得尽兴，不是更好吗？

选旅馆要避"洋"就"土"

对许多工薪族而言，旅游支出的多少是影响他们出游的关键点。在出游中，除了交通、门票费之外，最大的一笔开支在于住宿费。一般来说，交通费、门票费难以自调，而住宿费则大有文章可做，住宿点选择得当，可省下一大笔费用。

一般外出旅游都是较累的，所以有个安静、舒适的住宿环境特别重要。不过这并不意味着非要住星级宾馆。选择入住旅社完全不必贪"洋"追"星"，而应从实用、实惠出发进行选择。

旅游爱好者樊尼是大连的一个普通上班族，好不容易攒了半年钱出国旅行一趟，可不想让一半的银子交代给旅馆。为了能够住好又能省钱，于是他在网上发帖求"经验"。在网友的回复中，樊尼知道了一种交换住宿的方式。交换住宿，就是通过网络或其他媒介，旅游时相互交换自己的房子来居住。交换有免费和付费两种方式，其中免费居多，例如你要去悉尼旅游，就可以寻找悉尼交换住宿的网友，当然，当别人到大连旅游，他也要给别人提供住宿，这是一种互惠互利的旅游爱好者间交流、省钱的新方式。

在多方了解完信息后，樊尼也觉得交换住宿是一种不错的方式。虽说自己是租的房子，空间也算宽敞，反正出去游完的这一个月家里空着也是空着。于是，他在一个比较著名的交换住宿网站couchsurfing（沙发客）上注册登记了，并按照要求填写了全部个人真实信息资料。一个礼拜后，他在网上成功联系到一对在澳大利亚居住的华人夫妇，他们刚好想回国旅游，第一站定在大连。老公是工程师，妻子是全职家庭主妇，基本条件不错。协商好时间后，这对夫妇先来到大连，查看相关证件并签订交换合同后，樊尼就飞去澳大利亚了。当然，他的住处也解决了。

不必住星级酒店，交换住宿不仅可以让旅游爱好者们出境游省下不少钱，而且可以深入体验当地的风土人情。

可能有人认为出来旅游，一天下来累得腰酸腿疼的，当然要住得舒适些，而且好不容易出来一次，没必要太节省，于是情愿花很多钱住在星级酒店里。其实想想，旅途中也不必太过于讲究，住得舒适固然重要，但大肆挥霍也毫无意义。如果懂得避"洋"就"土"，那既节省了住宿费用又能住得舒适，不是更好吗？

避"洋"就"土"就是指避开星级酒店，选择经济实用型的酒店、青年旅馆以及农家旅馆等听上去有些"土"味的旅馆。其实，这些"土"旅馆的住宿条件也不错，而且价格要低很多。

出游之前，工薪族可以先向朋友打听一下，自己要去的地方是否有朋友的熟人，可以让他介绍一些便宜的单位招待所之类的。如果有，可以首先选择这些价格便宜、卫生又安全的招待所。如果你是早上到达旅游目的地的，此时千万不要急着去找住宿的地方，因为很多旅馆的房间都还没有退房，很难砍下价来，倒不如先去转转，等到黄昏时再去看房、还价，这样通常可以住到价位稍低一些的房间中去。

出门在外，住宿可是费用中比较大的一项了。因此选择合适的住宿地点，将会大大降低出游的成本。星级宾馆的住宿环境自然不错，但是工薪族没有必要一味地追"星"，应该从实用的角度考虑，避"洋"就"土"，在省钱的同时，让出行更愉快。

结伴出游更省钱

现在的旅游已不再单单是欣赏自然美景陶冶情操了，它还承载着时尚与交友的功能，这充分体现在结伴出游这种旅行方式上。当然可能有些人喜欢"万里江河我独行"的旅游方式，喜欢在周末或是更长的假期里独自一个人拎上背包带些生活必需品，拿上相机，去游览大自然的秀美风光，没有负担，完全沉浸在自己自由的世界里。但是现在越来越多的人喜欢三三两两地结伴出行，渴望在团体出行中得到别人的支持、帮助，而且团体游也是一个很节省的旅行方式。

找几个人结伴出游，不但可以缓解自己一个人的无聊情绪，而且还可以在路上互相帮助、互相照应，会很有安全感。没有同伴互相照应，我们就更容易受到罪犯或骗子的攻击和骚扰，而且也更容易受到疾病的困扰。除了考虑到安全外，结伴出游最重要的就是省钱了。

人多好办事这一点在结伴旅游上充分体现出来，车票、住宿、餐饮、门票……旅游中人一多，很多地方都能省钱。

一、结伴出行省车费

现在有些航空公司规定如果旅客是结伴出行的话，可以订购团体机票，10个人以上预订同一航班，票价可以在原有基础上再低10%～20%，而且每位旅客还可以获赠40万的航空保险。

二、结伴出行省住宿费

如果人多的话住旅馆会比自己一个人便宜很多。你可以在网上预订时就与旅馆的负责人讨价还价，而且很多旅店也会因为你们是团体租住，在原先的价格上再优惠一些。

三、结伴出行省餐饮费

三三两两的旅游爱好者结伴出行，可以探索更多的小吃店，比一个人有情趣，而且可以省不少钱，因为到小店里吃饭可以多点菜然后分摊饭菜钱。另外，还可以吃到更丰富的特色小吃，而且几个同伴可以去当地的农贸市场买些海鲜，拿到当地的小店去加工，这样还可以拼一下当地的特色食物。

四、除了车票、餐饮外，门票也可以省

现在很多景点为了招揽顾客都会给团体顾客优惠。有的省内景点可以5免1，也就是5名游客可以免掉1名游客的票钱。如果你和同伴在淘宝网上预订门票的话，还可以因为人多可以向店铺的掌柜好好砍价。

结伴旅行的对象可以是自己的朋友，认识的同学，也可以是来自网上的陌生人。人们一般会选择前两者，但是由于现在朋友和老同学也会有有事儿离不开的情况，所以在网上认识的旅游爱好者就成了工薪族外出旅行很好的伙伴。寻找旅游同伴最简单的就是在一些同游网上发帖子征游伴，你只要把自己的爱好和想去旅游的地点和出游的日期说清楚，就可能找到你想要的旅游同伴。

邱月准备十一期间去北京玩，想找几个喜欢旅行的朋友一同前往，一来路上可以有个照应，相互解闷，二来还可以交流旅游心得。在朋友的建议下，她就在自助游论坛上发了帖子，说明了自己的旅行计划：10月1日晚坐火车前往北京；10月2日到北京，到后住青年旅社，安排好住宿后去天安门广场、城楼、毛主席纪念堂、中山公园；10月3日，去游颐和园或圆明园（二选一），北京大学或清华大学（二选一），若时间或体力允许还可去天坛，晚上逛逛王府井；10月4日，去北海公园玩，下午至飞机场乘5点的飞机返航。按照自己的计划，邱月计算出了单人花销：火车票300元左右、青年旅社每晚要80元，门票300元左右，返杭州的飞机票900元左右。并把所有的旅游计划和个人需求贴在网上，很多网友回复了她，最后她和两个年龄相仿的女生去了北京，完成了自己的自助旅行。回来核算花费时，她发现加上提前订票，平均下来比预期省了100多块。

除了网络，工薪族还可以通过一些旅行社来找同伴。比如，桂林国旅商务旅游接待中心，就推出结伴同行游服务。工薪族旅游者只要把自己的旅游目的、交友要求、旅游行程、爱好等详细要求告诉旅行社，他们就会在网上公布，有意向的游客就可以和你相互沟通。

第六章

育儿教育省钱
——"穷养"出有出息的孩子

▍贮备生育费用，掌握省钱妙招

孩子从怀孕到分娩，需要一笔很大的开支，主要包括产前检查费用、购买新生儿用品、住院分娩期间的费用等。粗略计算一下，从开始怀孕一直到孩子平安降生，最少也得花费1万多元。对于普通工薪族来说，这可是一笔不小的开销。要孩子，怕养不起，而现在不生，又怕过个两三年后或许支出的成本更是让人望而却步。

孩子得生，但是钱不一定就要花那么多。工薪族需要提前做好资金准备，做到心中有数，以免临时资金不足，给生育孩子带来不便。此外，如果多动脑筋，精打细算，在确保孩子和产妇健康的条件下，完全可以省下一部分不必要的开支。

初为人母的小朱毕业后在一家公司工作了两年，因为要生孩子，原来的单位没有那么长的产假不得不辞职。生育期间，小朱处于失业状态，那段时间靠小朱老公的平均月收入2000多元过活。后来小朱算了一下，他们仅产前支出就接近万元。

为了能早点重新工作，小朱在儿子出生一个月后，让母亲来西安为他们小两口照看孩子，而她去了一家公司从事销售工作，两个人每月收入一共4500元。而孩子支出每月需要1500元左右，占了他俩工资的1/3。"孩子的衣服和尿布是母亲准备的,纸尿裤很少购买,玩具也是亲戚朋友送的,一项项下来节省了不少钱。"小朱说。

如果工薪族上班之外闲暇时间较多或者自己的父母比较空闲,可以像小朱夫妇那样选择动手制作宝宝的日常用品,如衣物、尿布等。这样不仅能节省不少开支,而且在制作过程中,也能感受到初为人父、为人母的幸福。

生个孩子可以说是"零岁工程",下决心生个孩子需要一定的金钱储备做后盾,怀孕后又往往意味着要放弃一些收入高但强度大的职位,这样算下来,生孩子实在是笔不小的投资。

为了安全起见,工薪族的准爸爸和准妈妈往往根据自己的经济条件,尽量选择一家医疗水平较高的专科医院。但是他们没有想到的是,这样做费用也会增加。事实上,只要我们动动脑子,就可以在省钱的同时,确保母亲与孩子的平安。

2007年9月,高女士即将生产,但是由于只是普通的工薪家庭,高女士坚持上班到临近生产时才开始休产假。由于2007年比较特殊,许多年轻父母都想抱一个"金猪"宝宝,很多专业妇产医院每天都是人满为患。在这种情况下,想要找一家正规的专业妇产医院生孩子,要不花钱找熟人,要不另外加床,开销相当大。高女士不知如何是好。

后来,亲戚朋友建议她找一家服务质量好、价格合理的综合医院生孩子。经过考察,高女士选择离家较近的一所普通综合医院。该医院也是市级甲等医院，仅仅因为妇产科不是重点科室，来这里生孩子的人相对较少，但医生、护士都很专业，服务态度也不错。

从高女士住进医院的第一天，不仅有专门的医生、护士专程护理，而且进行每项检查时都很认真、仔细，还不时与她聊天，告诉她一些与分娩相关的注意事项。在医生和护士的细心照料下，高女士顺利生下一个大胖小子。

像上面高女士那样选择普通综合医院生产是一个明智之举。要知道，妇产科医院产前检查费用要比那些非专科医院高出10%~40%，还有许多不必要的项目，这笔费用累积下来可以抵得上一个月的奶粉钱了。如果那些准工薪妈妈自身生产条件良好，就没有必要花许多钱去挤大医院。除了选择普通综合医院，以下一些方法也可以达到节省的目的：

一、少挂医院特需号，顺产不要剖宫产

孕妇在进行产前检查时，如果没有特殊情况的话，根据自身的实际情况，只进行普通检查即可，尽量减少挂特需号。

每个孕妇会根据其生产方式和所选麻醉药品的不同，分娩手术所需费用也有差异。产妇如果选择剖宫产的话，不仅需要支付昂贵的手术费，而且住院时间比较长，开支较大。为了节省住院费用，工薪族妈妈如果体制状况比较好的话，能顺产就不要剖宫产。

二、婴儿物品选购留心，生活处处能省钱

婴儿不是生下来就行了，一般的生育费用还要包括在婴儿刚出生阶段的费用。如果在这些方面留意，工薪族父母仍旧能够省下不少钱。

首先是，婴儿物品二次使用代买。

为宝宝选择婴儿床的时候，可以用亲戚朋友家宝宝替换下来的小床；也可以为宝宝购买一款可以拆装的儿童床，供孩子在各个成长期使用。有些工薪族可能会购买奶瓶消毒锅，其实完全可以用家里的普通蒸锅代替。需要注意的是，蒸锅一定要专门使用。

其次是，在婴儿物品购买渠道上省钱。

作为父母，无论什么东西总想给宝宝最好的、最新的。大多数工薪族喜欢在商场里购买婴儿用品，其实由于店铺租金等原因，那里的东西价钱较高。不妨去妇婴用品的网上商店订购，同样的商品，价钱却便宜得多。

而且有些物件根本没有必要。宝宝的消费品有一个"短暂性"特点，随着孩子不断成长，许多东西都不能用了。因此，对于一些外用婴儿用品，如童车、婴儿床、大件玩具等，尽可能到二手市场购买。

多种方法应对抚育成本的增加

俗话说得好，对于抚养孩子"给一口饭吃，他（她）会长大；给一个思想，他（她）会伟大"。如今养育孩子不再是简单的多一副碗筷，而是"重金成城"的抚育投资。

相关统计显示：2000名12岁以下儿童的父母，有35%的年轻父母感到"养育孩子对父母来说是一个沉重负担"，而压力主要表现在经济和生活照顾两方面。有半数以上市民认为是现实压力的增大，八成年轻的父母感觉到肩上的压力越来越大。甚至还有一些夫妻表示，因为经济压力延迟生育，而绝大多数被访者表示，迫于生活压力不生育可以理解。但毕竟孩子是工薪族的未来，相信多数工薪族愿享受与孩子在一起的天伦之乐。但是，在什么都涨的环境下，孩子出生后的费用、教育金等，都需要提前做好准备。

在机关单位上班的路先生有一个上小学二年级的儿子。细算儿子呱呱坠地以来的诸项花费，路先生连声感叹：如今养个孩子真贵，孩子简直就是花钱的无底洞！

路先生夫妇的父母都在外地，不能帮他们带孩子，儿子3岁之前都得雇保姆，每月开支500元。"孩子3岁之前，食品的开销是最大的。"路先生说。进口的婴儿奶粉要100多元一罐，国产的每罐也要五六十元。起初，他们给孩子喂的是国产奶粉，但儿子似乎胃口不佳，于是改喂进口奶粉，这个决定让路先生每月要多掏将近200元；儿子从此只认进口奶粉，一个月要吃掉三桶，花费300多元。除了喂奶粉，每天还要添加米粉、肉酱、果酱等各种辅食，每个月差不多要花200元。

玩具、图书也是一项大开销。从儿子一岁多开始，路先生几乎每隔两周就要给他买一次玩具，每周都要给他买一本图画书。"我儿子的玩具手枪有几十把，玩具汽车也有几十辆，房间里多得塞不下。"路先生认为，玩具和图书是孩子成长不可缺少的良伴，父母要舍得投资。他每年要在这方面花掉2000元左右。

路先生的孩子才刚刚三岁就已经给家庭带来了这么大的压力，其实他还没有想到，这些花销对于这个工薪家庭来说，只是开始，孩子在后面的成长过程中花销还要更多。

根据调查，一个小孩在1～2岁期间，每年需要花费2万元左右，在幼儿园阶段，即3～6岁，每年需要花费23000元左右，小学阶段较少，大概每年需要18000元左右，而中学阶段就高一些，每年需要24000元，而上大学之后，基本上每年需要18000元，如此算下来，孩子大学毕业需要花费456000元。如果还打算送孩子出国留学，就更贵了。

不争的事实是：随着生活水平不断提高，抚养小孩的费用在不断增加。

细算下来，孩子的投资可真不小，如果没有提前计划好，则到了孩子慢慢变大花费增加的时候，可就来不及了。"可怜天下父母心"，既然子女抚育费用已成为家庭理财的第一需求，工薪族父母当然应该尽早筹谋，以获取投资复利的可观收益。

徐先生和妻子是上海某公司的普通职员，两人月收入加在一起大概为6000元左右。他们的孩子如今正在上小学五年级，抚育孩子的成本很高，其中以教育费用最高。徐先生希望能给孩子制订一份教育理财规划，以应付孩子以后可能碰到的高学费等教育问题。他们的理财目标是为孩子预备从初中到高中、大学和研究生的学费，同时家庭的经济情况又不会太过窘迫，稍微还能有些盈余。

理财师给出的建议是可以采用以教育储蓄和基金定投的方式来增加家庭收入。教育储蓄的存款方式适合工资收入不高、有资金流动性要求的家庭，徐先生的孩子已经可以办理了。它的优点是收益有保证，零存整取，也可积少成多，比较适合为小额教育费用做准备。

对徐先生这样的工薪家庭而言，基金定投业务比较适合，它类似于银行的零存整取方式。一般来说，基金定投比较适合风险承受能力低的工薪阶层，具有特定理财目标需要的家庭。

多样化的理财方式使徐先生在保证自家经济增长的基础上，有效解决了孩子教育花费这面的大头，有效缓解了家庭的开支压力。

人家的孩子不喝母乳喝牛奶，那咱的孩子也得喝；人家不喝国产的因为害怕，我们也不能喝；人家用昂贵的尿不湿，我们也得用；人家照顾孩子请奶妈、保姆，我们也得请……在不少人养育攀比的情况下，一些人呼吁抚育孩子应该理性。对于这些收入不高的工薪族来说，需要采取多种积极有效的方法来应对增加的抚养孩子的成本开支。

一、适可而止，节流是关键

不是所有的孩子都要上外语学习班、奥数学习班，也不是每个孩子都要去拜名师学油画、学钢琴、学网球，孩子爱学习可以给孩子买书，孩子爱运动可以给买篮球、买乒乓球。富人有富人养孩子的方法，普通人也有普通人养孩子的套路，自己有怎样的经济能力，就应该给孩子营造一个与之相适应的环境。

在抚育孩子的过程中，杜绝攀比习气，保持理性。该花的就花，不该花的就不要花，相信这样就可以给工薪族剩下很大一部分工资开支。

二、努力为之，开源是根本

抚育孩子当省则省，但是孩子的一些花费肯定是避免不了的，如除了学杂费外其他教育费用、吃穿花销，等等。工薪族父母可以采用多种方式增加家庭收入。

1. 增加工资。工资是工薪族的收入主要来源，工薪族可以通过努力升职或者跳槽的方式增加个人工资。

2. 增加奖金。有时候通过跳槽或者升职涨工资比较困难，工薪族父母不想离开公司却想增加收入，可以通过创造业绩增加奖金完成。

3. 增加理财投资收入。这是本书的全部重点和精华，储蓄定投、股票、债券都是不错的方式。单独指出的是可以采用基金定投方式为子女积蓄教育资金。假定每月投资1000元购买股票型基金，按照年均10%的回报率来估算，15年后将会累积到40多万元教育资金。

给宝宝建立教育基金

现在大多数工薪家庭只生一个小宝贝，基于疼爱的心理，父母往往第一张保单就是来购买儿童基金或者儿童保险。对于不少家庭而言，教育经费着实令工薪族父母头疼。一项关于居民教育需求的调查显示，多达68.8%的居民把教育消费排在家庭消费的第一位。

教育投资现今已成为现代父母最为关注的社会话题，也是工薪家庭沉重的经济负担之一。随着教育费用支出的水涨船高，通货膨胀预期明显的状况下，工薪族父母们要更科学合理地筹划教育费，父母为孩子的教育经费准备得越早越好，早投资早受益。

何芳，年龄28岁，在乡镇机关做一名公务员。每月固定收入4800，年终奖金4万左右，年浮动收入4～8万（随机发，不是固定时间的），总计年收入在14～18万元。银行活期存款10万元，父母收入稳定，无须支付赡养费。

虽然生活收入稳定，挣得也不少，但是何芳每年剩下的钱并没有很多。她的年支出约11万元，其中，每月衣服化妆品1000元左右，休闲娱乐1000元左右，汽车油费等基本费用2000元左右，按揭贷款100元（其余2500元公积金自动扣除），水电煤300元，通讯费200元，停车费300元。每年物业费3600元，每年汽车保险费、维修保养费2万元左右，每年给父母2万元，人情往来5000元左右。

在投资理财方面，何芳并不是很上心，只是在几年前曾经在宁波购买了一套90平方米白坯房，去年年底刚交付，尚未出租；上海一套房子，月出租费约5500元，收入归父母。由于何芳已经到了应该结婚的年龄，她和男朋友决定在下半年结婚，计划第二年年底生宝宝。为此她找到理财师，让他帮忙为自己现阶段的情况做一个规划。理财师给她的建议是，可以争取每年工资奖金收入中能结余5万；用10万元现金寻找一个理财项目，争取投资类年收益达到3～5万；三年内为宝宝建立起一个教育基金。

有生育宝宝打算的何芳，在结婚之前开始努力为宝宝准备一份教育基金无疑是一种明智之举。作为工薪族的女性，本来工资收入也不见得多到哪里去，宝宝未来的教育花销无一将是一笔巨大的数字，能够及早未雨绸缪无疑是好的。

那么为什么要选择教育基金进行投资呢？

教育基金，又称作少儿教育险，是针对少年儿童在不同生长阶段的教育需要提供相应的保险金。而在目前市场上销售的少儿教育险，除了初中、高中和大学几个时期的教育基金以外，还包括了参加工作以后的创业基金、婚嫁基金甚至还有退休之后的养老基金等。少儿教育险的产生使得被保险少儿在一生的各个特定阶段都可储备一笔基金，减轻父母的经济负担，充分体现父母对子女的呵护和关爱。

教育基金在投资时，首先要计算教育基金缺口，设定投资期限及设定期望报酬率。如果教育费用缺口较大，可以采用多种理财产品组合投资，积极型投资组合侧重于股票型基金和混合型基金，每月定期定额投资，并分一部分投资债券型基金，也可办理教育储蓄。投资策略应随着目标进行调整，如果先期的积极投资获得较好的收益，可以逐渐将投资组合转为稳健型，投资侧重于债券基金、银行理财产品等收益适中、风险度低的保本理财产品，降低损失风险。当然，工薪族父母进行宝宝的教育基金理财要尽早开始，不要临时抱佛脚。

每天朝九晚五奔波于工作和家庭之间的普通工薪族，是在社会中最常见的人群，谢小姐就是他们当中的一员。

谢小姐正在怀孕中，现在还在外企上班的她每个月固定收入5000元，账户里有10万元的定期存款，并投资了2万元的基金。每年年底的奖金大概在3万元左右，养老险、医疗险公司都按照国家标准办理。

不过谢小姐最重视的是孩子的教育问题，于是谢小姐听从朋友的建议，从怀孕期间就开始在购买教育保险的同时为宝宝建立专项的子女教育基金。按照孩子18岁上大学计算，教育保险一年投入 2500 元，到孩子 18 岁时可以拿回 6 万元左右。此外采取基金定投的方式月投入 300 元，收益率按 4% 保守计算，到孩子 18 岁时可以赎回 9 万多元。

谢小姐的投资偏好属于稳健保守型，风险承受能力并不高，考虑到这一点，她可以将每月的结余按比例建立不同的基金账户，对双方老人及个人包括子女建立专项基金账户。这样保证自己的宝贝在出生之后面临上学时，不至于过多影响家庭经济。

教育金类险种有很多，各家公司都有不错的产品，综合来说，不管是哪家公司的产品，保险责任相同的情况下，费率都是差不多的，保险产品的定价有着严格的监控，不会有什么性价比之分。

工薪族父母对孩子的教育金投资，应根据孩子的不同年龄段选择不同的投资，一般的教育周期为 15 年，在周期的起步阶段，父母的年龄、收入和支出等情况决定了还属于风险承受能力较强的阶段，可以充分利用时间优势，长期投资，较高风险和高收益的积极投资产品可以占较高的比例，而到了教育周期的中后期，则需要相应调整理财规划中的积极类产品与保守类产品的比例，让其与所处的阶段相适应，以获取稳定的收益为主。

随着理财意识的提高，基金类型的理财产品，成为父母们送给刚出生宝贝的最佳选择之一，不但能为孩子的未来预备经济基础，还有助于培养理财习惯。工薪族的准爸爸准妈妈们不妨提早着手，现在就为自己的宝贝购买一份教育基金。

选择合适的教育投资工具

股神巴菲特说过，一生能够积累多少财富，不取决于你赚多少钱，而取决于你是否能够投资理财，钱找钱胜过人找钱，要懂得钱为你工作，而不是你为钱工作。如今，"投资理财"已经成为工薪族使用频率最高的诱人字眼。积累财富不能只靠工资，而要靠理财，这早已形成共识。

在教育理财方面，很多工薪家庭把"为孩子存钱"当成主渠道，对一些新的理财产品缺少了解，对孩子的教育资金缺乏长期规划，造成了理财效率低下，甚至直接影响到了孩子教育的保障。比如，如果一个家庭每月收入3000多元，结余1000元左右，孩子刚一岁多，父母希望孩子将来能读国内一流的大学，按照每月1000元的结余，给孩子做规划要准备到什么样的程度？具体又该怎样做呢？

工薪族父母进行理财需要根据自己的情况选择合适的教育投资工具。

一、教育储蓄，适合小额教育费用

教育储蓄是为了城乡居民以储蓄方式为子女接受非义务教育积蓄资金、促进教育事业发展而开办的一种储户特定、利率优惠、利息免税的专项储蓄。

李先生是一名普通的上班族，独自打拼几年后终于有了自己的家庭和宝贝儿子。儿子出生后，怎样面对以后庞大的教育支出已成为李先生经常思考的问题。

李先生初步估算，从小学一年级到高中毕业，教育成本约为9万元，如果择校，费用在12～15万元之间；大学每年的学费平均在5000元左右，加上书费和生活费的最低预算为每年1.3万元，四年要5.2万元，以2005年教育费用的增长率4%保守估算，18年后的大学费用须11万元。因此，近30万元的教育经费是最保守的预估。

理财专家建议李先生，可以利用教育储蓄这一风险为零、收益不低的工具来准备"教育基金"。在准备教育基金时，可考虑将50%的本金投入低风险的固定收益产品，50%的本金定期定额地投入股票基金等高收益产品。其中，低风险部分的资产可采取"教育保险＋教育储蓄"的组合。

教育储蓄问世之初，由于其利率享受以上两大优惠政策，一度受到李先生这样的学生父母的青睐。

对于工资水平不高、需要流动性资金较多的工薪家庭，教育储蓄还是很有必要的。教育储蓄零存整取，积少成多，可以保证一定的收益性，此外，教育储蓄存款方式比较灵活，在选择按月存款时，存款人可选择每月固定存入、按月自动供款或与银行自主协商三种方式。一般来说，办理教育储蓄应注意几点：

（1）必须为四年级以上学生，账户到期领取时，孩子必须处于非义务教育阶段。

（2）到期支取时必须提供接受非义务教育的身份证明，才可享受整存整取利率并免征储蓄存款利息所得税。

（3）提前支取时必须全额支取。

（4）逾期支取，其超过原定存期的部分按支取日活期储蓄存款利率计付利息。

二、基金定投，利用复利变大钱

所谓基金定投，是指在固定的时间以固定的金额投资到指定的开放式基金中，类似于银行的零存整取方式。基金管理公司接受投资人的基金定投申购业务申请后，根据投资人的要求在某一固定期限（以月为最小单位）从投资人指定的资金账户内扣划固定的申购款项，从而完成基金购买行为。

假如一对工薪族夫妇计划为其儿子建立一个教育基金，假设儿子刚上小学，投资年限为16年，已经决定投资华夏基金旗下的华夏成长证券投资基金，期望年收益率为10%，每期扣款500元，申购费率为1.8%，收费方式为前端收费。

将这些信息输入华夏基金公司提供的定期定额投资计算器，可以得出到期收益为134984.26元，期间申购总费用1728.00元，到期本利和230984.26元，这样一笔钱，应该可抵孩子读大学和研究生的费用。

从上面的例子可以看出，基金定投可以将小钱变大钱和复利效应的威力。基金定投作为一种教育理财方式，具有门槛低、稳健、自动扣款、分散风险的特点，比较适合教育理财。

一般来说，基金定投比较适合于为孩子储备教育资金的工薪家庭。很多工薪族的薪资所得在应付完日常生活开销后，结余金额往往不多，这种小额的定期定额投资方式最为适合。这种投资方式不但不会造成自己日常经济上的负担，更能让每月的小钱在未来轻松演变成大钱。

三、保险与基金结合，完美互补

工薪族父母也可以把自己的教育经费拆成两部分，一部分投入到教育保险，另一部分投入到基金当中。

按照合计10%的回报率计算，从初中开始领取收益，一直到大学就可以基本满足孩子的教育费用了。因为幼儿园、小学、初中一二年级的费用不是很高，我们正常家庭开支就能够承担，而且一对父母刚刚有孩子，未来的发展潜力还是很大的。

不过，普通工薪家庭最好不要投资新发行的基金。新发行的基金抗风险能力稍弱一些，而发行时间比较长的基金，它的团队会经营得比较稳定，过去业绩波动也不大，比较适合经济不是很宽裕的家庭投资。这样的家庭不能以股票理财为主，投资方式应该是稳健型的。

对很多工薪家庭来说，教育经费的打理成为迫在眉睫的大事。但这笔钱来自哪里？既不会从天上掉下来，也不会在地上捡到。我们唯一能做的，就是学会理财。在一开始，如果没有那么大的实力去为孩子投资基金和保险，可以从银行产品开始，一点一点滚雪球，越滚越大，最终会储备下足够的教育经费。

工薪家庭如何理财供大学生才省点力

如今,对于普通的工薪阶层家庭而言,有个孩子上大学,家里就有了沉重的经济负担。大学的资金投入、孩子毕业后找工作的费用,对于工薪阶层家庭来说将会是一笔不少的资金支出。

以一个刚添了宝宝的某地家庭为例,粗略估算一个孩子从幼儿园到大学毕业的全部费用开支。上幼儿园:一所普通幼儿园的费用是每个月600元,3岁入园到7岁,四年将近3万元;上小学:除学杂费,孩子的衣食花销每个月800元,一年9600元,小学六年,接近6万元;上中学:初中的学费加生活费每个月最少1000元,假设高中还是这个费用,整个初中和高中总共六年将近10万元;上大学:孩子越大,相关的费用就越多,特别是孩子上大学住宿之后,现在北京地区一个大学生的费用按照每月1000元计算,大学四年的学费、生活费再加上各种高科技学习用品,接近10万元。

如此算来,目前一个孩子从幼儿园到大学毕业大约需要30万元左右。

大学毕业=30万,当然这还不算上由于通货膨胀造成的隐形学费增长。孩子完成大学教育需要一笔不小的资金,要想供出大学生,工薪族父母需要提早准备,精心谋划,才能确保资金的充裕。

那么,对于普通工薪家庭而言,要怎样理财才能做到供养孩子读大学不吃力?

一、思维先行，改变坐吃利息的观念

目前一般工薪阶层家庭，主要选择将大部分资金放在银行存定期获取利息收入，有些家庭可能在存定期的同时购买国债获取相对较高的收益率，但投资存款或国债的收益率与每年大学学费增长速度相比，无疑是杯水车薪。

工薪阶层家庭首先应改变"吃利息"的理财思路，应在专业理财师的帮助下，制订中长期的家庭理财计划。

二、适当投资部分理财产品

一般适合工薪家庭的投资品种有货币型基金、银行发行的理财产品以及基金定期定投。短期资金可选择投资理财产品，如交通银行的新绿和新蓝等理财产品，一般为一个月、三个月和九个月，同时还可选择债券基金或进行基金定投。

刘女士的儿子接到了重点大学的录取通知书，全家都沉浸在喜悦之中，但上学所需费用也给刘女士带来了很大的压力。孩子上学每年所需约1万元，刘女士月收入700元，丈夫800元。前年单位集资建房，刘女士买了一套120平方米的房子,花了不少钱，现有存款3万元。孩子大学至少4万的花销给他们这个工薪家庭多少带来了一定的压力。

理财师建议刘女士，从3万元的积蓄中拿出1万元作为今年的费用；剩余的2万元积蓄应做安全性的投资，可将1万元存为1年期教育储蓄，可获得2.25%的免税收益，作为大学第二年的开支；将另1万元购买两年期的凭证式国债或剩余期限为两年期的记账式国债，可获得2.4%的免税收益，作为大学第三年的开支；将每月收入中的270元用来定期定额购买货币市场基金，可享受到2%的免税复利收益，坚持三年的收益本息刚好作为大学第四年的开支。同时，理财师还建议刘女士将每月收入中的370元用来选择一家实力雄厚、信誉良好的平衡性基金公司进行定投，如果投资业绩良好，每年将取得6%的预期收益率，4年将会积累2万元资金。

通过在孩子上大学期间进行理财产品投资，刘女士这个工薪家庭完全可以承担起儿子的大学费用，轻松应对，并能够从理财投资中获得额外收益。

工薪阶层家庭可以根据自身的财务状况构建一个稳健的投资组合，例如按照3∶5∶2的比例投资于货币型基金、债券基金和平衡型基金，收入宽裕的家庭还可适当调整增加股票型基金和指数型基金。基金定投是一种非常有效的中长期投资手段，如果每月买入300元的基金，假如按8.2%的平均年收益率计算，5年或10年之后将会是一笔不小的资金。

三、巧妙记账也能生钱

一般工薪族家庭认为，记账产生不了经济效益。其实不然，清楚地记录每个月的支出和收入，可以更好地了解到资金的去向，以便于重新审视全家的消费习惯，考虑删减不必要的开支，毕竟节省一笔开支比赚取一份收入要容易得多。据了解，现在市面上有家庭记账本出售，每项收入和支出的明细都排列得十分详尽，简单好用。此外，还可以在电脑上通过家庭记账软件来记账，同样方便快捷。

巧妙记账，主体不一定只是父母，还包括大学生子女。当代大学生绝大多数是独生子女，"集万千宠爱于一身"的形容一点也不为过。"再苦不能苦孩子"似乎成了千万个家庭的共同信念。父母辛辛苦苦给孩子积攒教育经费，可孩子常常觉得这是理所当然的事。从某种意义上说，成功教育孩子不仅仅指把孩子培养成大学生，更重要的是让孩子拥有健全的人格。因此，让孩子也学会记账也是很有必要的，让他们在这个过程中体会一下父母的辛苦，也为自己今后的消费做一个合理的规划。

四、建立一整套家庭理财计划

孩子念大学、参加工作，买房、结婚，做父母的总会帮着准备一定的资金。为此，家庭要建立一个家庭理财计划，将"大项目"所需费用按重要程度排列，安排落实的期限，将钱用在刀刃上。对于工薪阶层家庭，由于收入有限，实现全部理财目标有一定难度，因此应尽可能开源节流，发挥每一分钱的效用。

工薪家庭通过制订有效的理财规划，加上对上面建议措施的分步骤实行，基本上可以解决供家里大学生上学的难题。早理财，早打算，孩子的大学花销不再是问题。

从小培养孩子的理财观

都说"别让孩子输在起跑线上",不要以为这句话专指孩子的学习成绩。其实,在当前的经济社会里,只有智商、情商和财商都高的孩子,才能赢得自己的精彩人生。不过有一点和智商不同,相比于智商的先天性,财商就更多的是后天培养的。

财商是人在经济社会中的生存能力,用财商来判断一个人对于财富的敏锐性,越来越被人们认为是实现成功人生的关键。孩子在学校接受的教育更多的是智力的培养,而财富能力的培养,就更多地依赖于父母了,如何培养孩子的财商,怎样让孩子既学会合理使用和节省钱,又不会成为一个"小财迷",成为工薪族父母的一大难题。

晓明是全家的"宝贝",爸爸妈妈、爷爷奶奶随时都给他拿零花钱,晓明也来者不拒,手边一有零花钱,赶紧去买自己心仪的玩具、游戏机、零食。实际上,晓明家境一般,父母只是拿月工资的工薪族。父母对这个独子的宠爱,使他养成大把花钱的习惯。最近,晓明看到一个新款掌上游戏宝,200多元,眼睛都没眨一下就买了下来。而没几天,晓明又没零花钱了。

相比晓明,读五年级的子涵就让自己每天上班忙出忙外的父母省心不少——这主要在于子涵父母从小给他灌输了很好的理财观念。子涵在暑假里当起了小小卖报家,每天5点过就起床去排队等着拿报纸卖。小小的子涵每天都穿梭在城市的各个街头。一个暑假下来，子涵的收获也不错。虽然赚的钱不是特别多，子涵却很高兴，"自己体验生活，用自己赚的钱去买想要的东西，这种感觉棒极了！"

家庭理财教育的不同，使两个相似的工薪族家庭的独生子在对待金钱上，形成了不同的价值观。合理理财观的形成，使子涵从小就知道自食其力，这和晓明锦衣玉食的小皇帝花钱习惯截然相反的。相信，未来这两个孩子走上社会时，在花钱和挣钱上也会大不相同。

理财教育能培养孩子良好的品质。理财教育在教育孩子掌握正确的理财方法、形成科学的理财观念的同时，还包含了许多思想品德教育。比如：通过了解金钱与父母工作的关系，让孩子懂得父母挣钱的艰辛，进而珍惜别人的劳动，产生孝敬父母、回报父母、回报社会的情感和行为动力；懂得金钱不是从天上掉下来的，只有付出劳动才会有收获，只有努力才能取得成功，从而养成诚实、爱劳动的行为品质；懂得勤奋、守信是经济生活中取得成功不可或缺的品格，等等。

在一些发达国家和地区，人们十分重视儿童的理财教育，这种教育甚至渗透到了儿童与钱财发生关系的一切环节之中。我们不妨来品味一下这些国家和地区在儿童理财教育中的独特"菜肴"。尽管社会背景存在着差异性，但这些理财教育的独到之处是值得我们借鉴的。

美国人认为，在市场经济和商品社会中，一个人的理财能力直接关系到他一生的事业成功和家庭幸福。美国父母希望孩子早早就懂得自立、勤奋与金钱的关系，把理财教育称之为"财商和情商、智商、德商的区别，更多的是在于它的操作性。理财教育对处在知识积累和观念培养的关键阶段的孩子来说，其意义绝不是仅仅教孩子在钱的问题上做文章，而是包含了多方面的教育和多种能力的培养"。

虽然我们说要重视孩子的理财教育，但工薪族父母千万要记住，对孩子从小进行理财教育，目的在于培养孩子的理财意识和理财能力，但绝不是让孩子沦为金钱的奴隶，千万不能让孩子形成"金钱至上"的意识。

那么，工薪族父母该怎么从小培养孩子正确的金钱运用及理财观？

首先，让孩子对数字产生概念，例如在带着自己的孩子去市场买东西时，可以让他帮忙付钱及找钱，一方面增加与人接触的经验，一方面也可对金钱有实际的认识。

其次，在零用钱的部分，要让他知道这笔钱的金额是固定的，花光就没有了，并养成记账的习惯，如果每个月的零用钱常常透支的话，父母一定要以共同讨论的方式研究有没有更好的使用方法，帮助他建立规划金钱的观念，不要一味斥责。

再次，小孩子的模仿能力很强，如果父母自己花钱都没有规划，也很难说服孩子听话。相反地，如果父母或是家庭里就常常以投资理财作为聊天话题，小孩子在耳濡目染下也会对投资理财产生兴趣与基本认识。此外，很多工薪族父母会以每月定期定额方式投资基金，来帮孩子准备教育基金，亦可以让孩子了解投资的状况，增强孩子对于这些基金的认识，提高他们的兴趣及培养正确的理财观念。

社会的发展"迫使"人们不得不具备一定的理财知识，也只有学会了理财，才能将生活调理得更精彩。这堂"人生必修课"从何时开始，也将决定着孩子一生的财商轨迹。从小培养孩子的理财观念，在孩子的每一步成长过程中都进行有规划的理财教育，是新一代工薪族父母的必要选择。理财，要从娃娃抓起。

对孩子乱花钱要"对症下药"

有些人在成年之后，能妥善处理和钱的关系，知道怎么挣钱、怎么花钱、怎么借钱，也知道要严格控制合理的负债比例。可有些人在成年之后，且不要说让他理多大的财，有时稍微赚得多一点，就大手大脚地挥霍。

这种行为根源就在于父母没有及早制止孩子大手大脚花钱的坏习惯。

通常出现挥霍行为的成年人在少儿时候的一切花费，全由父母代为处理，自己要多少钱父母就给多少钱，没有一点使用上的引导。如此一来，孩子对于钱的多少根本没有概念，想买什么只要和父母开口就能够得到，因为大手大脚惯了，对于挣钱的辛苦无法理解，可能因此影响自己的择业观和人生观。

任先生夫妻工作一直很忙，再加上离单位远，他们每天一早上班，晚上回家天都快擦边黑。今年7岁的儿子基本跟着爷爷奶奶长大，直到5岁才跟他们一起住，是个典型的"小皇帝"，是要风得风，要雨得雨，十分任性，经常要这要那乱花钱。每次任先生不答应，孩子就赖在地上无理取闹，想打孩子但自己的父亲在一边拦着，任先生很是无奈。

有一次，儿子竟缠着任先生给他买电脑，说跟他玩的小明家就有。任先生刚要发火，转念一想，何不将计就计。于是他对儿子说："晨晨，你不是要买电脑吗，爸爸支持你。不过爸爸有个建议，我们要合资买电脑，就是你出一半钱，我出一半钱。"孩子很不情愿，但在任先生的鼓励下勉强同意了。

一天，儿子把任先生拉到他的房间，拿出一小堆钱，有百元大钞、10元纸币，更多的是毛票和硬币。任先生数了数，包括孩子压岁钱在内一共是1135.6元。任先生遗憾地告诉儿子离买电脑还差得远，儿子撅着小嘴不高兴了。任先生说："不过，爸爸可以先帮你垫上一部分钱，给你买一台电脑，以后你再攒钱还爸爸。"协商之下，任先生的儿子还给他立了一张字据。

很快电脑买回来了，从此以后，任先生的儿子也知道爱惜钱了。

勤俭节约是我国优良的传统美德，但是现在的孩子身上好像很难找到这种美德的影子,孩子乱花钱成了任先生这样的工薪族父母的头疼事。现在,多数家庭都是独生子女,不是父母不肯花钱投资,而是投资太盲目了,宁愿自己过缩衣节食的日子,也要让孩子当"公主""皇帝",投入了过多的金钱与精力。

殊不知,在这种环境中长大的孩子,不仅带不来财富,反而是父母的债务。即使将来走入社会,也很难生存下去。身处商品社会、消费世界里的孩子们,真的急需有关消费知识和消费技巧的培养。这是提升孩子的财商、培养孩子理财意识的必然要求。

何女士的孩子今年上三年级,每个月的零花钱经常超过300元,这对都是工薪族的他们而言实在是一笔不小的开销。为了让孩子懂得节俭,何女士夫妻俩费了不少口舌,但每次孩子一伸手,却总是不忍拒绝。最终何女士跟丈夫决定向"高人"请教。没事他们就去书店阅读有关教育孩子的文章。看到教育专家关于"一味要求节省的理财教育已经明显落后,要教育孩子学会花钱"的观点后,何女士决定试一试。

于是他们跟儿子达成协议:每月给他零用钱100元,买学习用品和零食。剩下的可以攒起来,买他喜欢的东西。不过,花的钱要用本子一一记好,更不能透支。儿子从没一下子拿到过那么多钱,非常高兴地同意了。

可好景不长,两周以后,孩子闷闷不乐起来。在何女士的询问下,孩子拿出他的"理财本",递到何女士手里就低下了头。不过何女士并没有生气,而是对孩子说:"钱没了,没办法,咱们可是有协议的,不过,买学习用品的钱妈妈会破格给你的,下不为例。"孩子不好意思地笑了。

又一个月过去了,儿子主动交出了本子,自豪地说:"妈妈请检查。练习本1元,自动铅笔1.5……总计28.5元,剩余71.5元。"此后何女士的孩子再也不乱花钱了,现在已经攒了400多元,说是要自己攒钱上大学。

俗话说,习惯成自然,每个人都有一定的习惯,有的习惯可能是好的,有的习惯却可能是坏的。在理财方面也是这样,工薪族父母一定要像何女士这样从小监督孩子,不要让他们养成大手花钱的生活习惯。

如何对孩子的压岁钱理财

全球金融海啸余波未了,不少居民财富出现缩水,可是父母拉抬孩子们快乐指数的情绪并未下降,不少孩子的压岁钱稳中有增。于是,一个年过完,孩子手上的压岁钱会成为一个不小的数目。有的父母觉得压岁钱不过是自己左兜放右兜换来的,因此直接收来自己支配。其实,压岁钱正是培养孩子理财意识的好途径。

今年读小学五年级的牛牛收到的压岁钱比往年翻了几倍,因为姑姑和姐姐从澳大利亚回国了。往年牛牛的压岁钱大概有2000元,牛牛父母只是普通的上班族,通常留给他200元左右的零花钱。

牛牛剩下的压岁钱由父母代为保管。今年，光是姑姑就给了牛牛2000元的压岁钱，加上姑姑的不少朋友来家里做客，看到牛牛也都给了压岁钱。这样一来，牛牛的压岁钱涨到了6000多元。

但是面对这个不小的数字，牛牛爸爸并不表示担心——他在心理早就为孩子打算好了。从出生那年开始，牛牛爸爸就把牛牛每年的压岁钱用基金定投的方式固定投资一个股票型基金了。牛牛爸爸说："每次我自己再补一部分钱，现在总投入已经有6万元，目前的市值则超过了16万元。"他打算等儿子成年后再把这个账户交给牛牛自己打理。

由于每年收到的压岁钱数额水涨船高，像牛牛爸爸这样开始为孩子的压岁钱理财的父母不在少数。压岁钱理财重在有保障，也就是说，看重资金的保值而非增值。另外，通过打理压岁钱，向孩子灌输理财意识同样不可忽视。

工薪族父母们当然也可以就此教育孩子，把每年收到的压岁钱，包括平时的零花钱存在孩子自己名下的账户里，让孩子懂得钱放在家里不会"长大"，但存到银行可以变多一些，也就是取得利息收入，让钱自己生钱。

面对如此数额巨大的"压岁钱"，工薪族父母们该如何引导孩子正确认识和理性使用"压岁钱"呢？

在压岁钱的支配和使用上，父母应培养孩子的理财意识，给孩子上一堂理财课：善用金钱，而不走两个极端——乱花和不花。压岁钱应该有计划地、科学地使用。比如，可以将其用于教育储蓄、

保险等有意义的投资。具体来说,可以通过以下几种方式进行:

一、设立儿童理财账户

1.如果数额较小,由父母代管。父母可以为孩子建立账本,孩子需要花钱时,就从这个账本上支取。账本让孩子自己管理,把每笔费用的支出额度、用途都清楚地记下来。父母可依这份资金流量表,看看孩子的消费倾向,而孩子可通过记账培养良好的理财习惯。

2.如果压岁钱数额较大,工薪族父母可以设立儿童理财账户。孩子们对于金钱还没有完全的掌控能力,父母要给他们一定的理财自由,以培养兴趣。

目前,很多商业银行都开设了类似的儿童理财账户,父母可以持有主卡,从而对孩子日常花费有所了解。让孩子持有附卡并设置自己的密码,使孩子感受到一定的自由。孩子外出上学,父母也可以同银行约定,每月按时由主卡向附卡中自动转账,这样父母可以通过银行卡来控制子女在校的消费情况。

二、购买储蓄保险

储蓄型保险因为收益和保障兼备,已成为各保险公司极力推广的险种。目前市场上的储蓄型保险琳琅满目,因为投资期限长,又具备一定的返还功能,可满足孩子未来的成长、教育支出所需。一些险种还可以附加重大疾病保障,投保人在获取收益的同时可使孩子的健康受到一定的保障。

此外,通过保险可让孩子懂得什么是保险,从小树立保险意识。

三、进行基金定投

基金定投可长期投资，分散市场带来的风险，对未来有资金需求的人来说是个较好的选择。对于已满18岁的孩子，父母可直接为其开立属于自己的基金账户，帮助其学习基金交易的知识，并尝试拿出压岁钱的一部分进行基金投资，如果条件允许，还可以请投资专家进行指导，并有意识地带孩子去听一些投资理财讲座。对于未满18岁但又已经上学的孩子，由于尚不能以自己名义开立投资账户，可以父母名义进行基金投资，同时让孩子全程参与投资过程，根据不同的年龄由浅入深地引导。

教孩子亲自尝试投资，不仅可让孩子了解基本的投资知识，而且可让孩子懂得手中的钱通过投资是可以不断增值的，如果克制暂时的消费，可让手中的钱生钱。

四、让孩子学会收藏

作为常规的理财方法，收藏也是其中之一，如果孩子年纪比较大，上了初中或高中，同时他对集邮、集纪念币等比较感兴趣，就可以让孩子用压岁钱购买。这样，不仅可以培养孩子对收藏艺术的兴趣，还可以陶冶情操，等以后这些收藏变现时，收益可能会高于普通的投资。

压岁钱不是任由孩子做主，但也不能全权交由父母负责，父母要对孩子进行科学的指导，帮助其理好压岁钱，走好理财的第一步。

当孩子们看到自己存款账户的数字越变越大，如果父母发现自己的孩子为此着了迷（有些孩子可能总会催着妈妈看存折数字有没有变化），那就应该稍微调整一下孩子的心态。比如，在爷爷奶奶外公外婆生病时，告诉孩子也要尽一份孝心，问问孩子是否能够把自己存折里的钱取出一小部分，买点水果给老人。如此，一方面是培养孩子对于亲人的感情，另一方面也是教育孩子钱能用来买东西，这样不仅不会让孩子偏执地关注自己资产的增长，还能增加孩子的情商和财商。

子女教育资金与养老资金的均衡

为人父母，似乎对孩子的教育都很热衷，都希望自己的孩子接受的教育是最好的教育，都希望自己的孩子赢在起跑线上。于是，很多工薪族给自己的孩子安排了很多课外学习的课程，也给自己增加了许多高额的子女教育资金。

可以说，顾此失彼，如果我们的资金过多地投入到子女的教育上面来，那留给我们以后的养老资金必然会减少。到头来还是会给自己子女未来的生活添加压力，如果是真正地为孩子的幸福生活考虑的话，我们就需要学会均衡子女教育资金和养老资金，让孩子们能够很好地生活下去，又不会因为我们的年老而增加经济上的压力。

王奶奶现在已经退休在家了，但是由于她和老伴在年轻的时候积极参加商业养老保险，为自己准备好了养老资金，现在虽然已经没有工作了，但每个月他们仍然有7000元的收入，完全不需要自己的子女给自己赡养费，两个人就已经能够过那种悠哉游哉的退休生活了。

现在她的孩子们都有自己喜欢的工作，生活能够自给自足。说到年轻时她对子女教育的问题，王奶奶说："我才不要自己的孩子那么辛苦呢。我没有给孩子报名参加什么课外辅导班，太贵了。现在我的孩子个个也都成才了。并不是非得给孩子报那么多班孩子才能够成才的。我们大部分的钱还是放在了后期生活的准备上了。"

王奶奶能够有这么好的晚年生活，就是因为她在年轻的时候能够平衡好子女教育资金和养老资金。她没有像大多数人一样帮孩子报各种各样的补习班，没有为了给孩子的文凭镶金边，而倾己所有送孩子去外国读书。而是拿钱去买商业养老保险，让自己在老年没有工作的时候，还能够自己养活自己，不给自己的孩子增加经济压力。如果我们也想像王奶奶那样既不耽误孩子的前程又不影响自己的后半生生活的话，就要做好子女教育资金与养老资金的均衡工作。

在我们的身边，总有这样的人，他们为了自己的子女，不要说是钱，就算是把自己的一切全部都给孩子也毫无怨言。他们为了子女的教育，连自己的退休生活都不顾，这么做的结果真的会给子女带来好处吗？未来子女的生活就真的好吗？如果我们把所有的一切都交付给孩子，就是指望着以后自己老了，孩子能够照料我们的生活。但是这样一来，就会给孩子带来很大的生活压力。其实从我们自己现在面临的生活压力就可以体会到如果我们的孩子在将来遇到这样的情景时的压力有多大了。

其实，如何平衡好子女教育资金和退休生活资金的问题，从王奶奶的幸福生活中，我们已经不难看出最佳答案了。

我们想想，如果我们现在把一切都给了子女，等到孩子长大成人了，在他们的二三十就业时间里有大多数时间要去照顾自己的父母，这样的生活压力多大啊！所以，为了子女的教育而牺牲自己的退休生活的做法其实并不会给自己的子女带来好处。虽然孩子是我们最大的投资，我们也不能把宝都押在孩子身上。没有必要追求十全十美的教育，可以说，最科学的做法就是在保证孩子接受正常教育的同时也要为我们自己的退休生活做好准备。

第七章

节假日省钱
——假日消费有高招

节日消费也能省钱

节假日期间，很多人都会外出旅游，就算不出游，在家里过节也免不了会有高于平日的消费。怎样才能在节假日做到合理消费，达到既省钱又过好节的目的呢？

节假日是促进消费的好时机，被称为"假日经济"，"假日经济"创造了一种双赢的经济模式。首先，假日经济扩大了内需，促进了消费，推动了经济的发展；其次，假日经济的出现，推动了服务业的发展，使就业机会增加；而且在节假日商家之间的竞争，还能降低商品及其服务的平均利润，不仅满足了消费者购物的需求，而且消费者也能得到更多的实惠。

有一项针对北京、上海、广州三市居民的调查表明，13.9%的居民听说过"假日经济"的说法，83.1%的居民明确表示，节假日期间会比平时消费更多。

详细到具体节假日的支出，86.4%的居民表示春节的支出最多，16.9%的居民表示是"五一"劳动节和"十一"国庆节的支出最多，8.9%的居民表示元旦会花费更多，也有5.3%的居民表示并不会因为节日而多花钱。

不可否认的是，每逢重大节假日期间，市场都会呈现消费热潮，"假日经济"是应该给予肯定的。

但是假日经济的火爆，离不开构成主体之一的消费者，所以，不能忽视消费者的感受与作用。

"五一""国庆""春节"长假中，各地都会出现一些外地游客，甚至这些外地游客会成为消费的主力军。

很多人选择假日外出旅游消费，不仅可以得到放松身心的目的，还能通过购物、休闲来满足自己的快感。

不仅仅是购物，在节假日期间文化消费也日益增长。

比如，广州的娱乐文教类支出在节假日增长近一成，交通及通讯类支出增长一成二，居住类支出增长二成一，家庭设备类支出增长四成四，医疗保健类支出增长最大，接近七成。

面对节日里的无限商机，各个商家火爆销售，想借此机会大赚一笔是一定的。盘点一下节日前后十几天的账目，几乎所有商品的销售额都清一色地攀升。

而且最近几年，节日消费市场也发生了一定的变化。电脑、家电、电讯商品等一些所谓的"奢侈品"在节假日期间销售额增幅最大，而以食品为主的基本生活用品反倒相对降低。

可见，随着人们收入的提高，一些往日里不被普通人关注的高档商品正在成为紧俏货。吃讲营养，穿讲名牌，用讲时尚，人们越来越注重追求生活的质量。

但是，在注重生活质量的同时，也不能忽视商品的性价比，毕竟谁也不想花冤枉钱，只有买到真正实惠的东西，才对得起这个假期的消费。

下面就教你几招节假日购物省钱的小窍门：

一、提前购物

在节假日来临之前，很多商家就会打出各种各样的促销、打折手段，如果你有在假日购物的打算，要尽早开始购物的比较，你可以通过对价格进行比较的办法，巧妙地提前消费。

二、在购物时不要仓促做决定

很多人在消费时没有机会，总是当急需某样东西的时候，才匆匆忙忙去购买，导致经常用较高的价钱买了一件并不值得的商品，或者总是买到自己并不是很中意的那一种。

所以，为了避免在购物时仓促的现象发生，最好在购物时制定一个计划，或者选择在每天早上等购物不拥挤的时候购物。

三、购物要有限度，不能太疯狂

很多人总是在购物时管不住自己，看见什么买什么，等到买回去就后悔，或者买的东西根本用不到。为了避免这种情况，可在购物之前设置一个现金财物的限度，当超过这个限度的时候就停止购物。

另外，当购买完自己需要的东西之后，不要在商场逗留，马上回家，只有这样，你才能抵制住商场的诱惑，避免自己买一些没用的东西。

四、外出旅游早做打算

如果在节假日有旅游购物的打算，要尽早地进行旅行安排，让自己可以享受便宜的车票和打折的房间。另外，你在购物之前把要买的商品列一个目录，当运输费用有很大的改变时，可以通过订货单来得到较好的价格。

出外旅游也要省钱

"有假期，去旅游"已经成为很多城市白领的口号。根据有关部门的一项调查显示，我国大中城市的居民中，约有20%的人有假日旅游意向。旅游作为一种新的生活方式，已经被越来越多的普通市民所接受。

但是，也有不少人抱怨，好不容易有个假期想好好放松放松，可是，放松回来却得不到真正的"轻松"，因为之前一个月好不容易攒下的钱都在几天的假期中挥霍一空了。

所以，在旅游成为一种新的假日生活方式时，如何达到既省钱又能放松身心的双重目的，是很多人梦寐以求的事情。毕竟，假期出游是一件好事，但是也没有必要太浪费，和自己辛辛苦苦挣来的血汗钱过不去。

假日旅游省钱妙招：

一、巧妙利用时间差来省钱

如果你想在不浪费太多钱的基础上旅好游，就要懂得利用时间差。

绝大多数景点都有淡季和旺季之分。旅游旺季，外出的人较多，而且人们都喜欢到热点景区去，从而使得这些旅游景区的旅游资源和各类服务因供不应求而价格上涨，特别在节假日期间，价格更是涨得离谱。如果这时到这些地方去旅游，肯定会增加很多费用。

而淡季旅游时，不仅车好坐，而且由于游人少，在住宿上会有优惠，可以打折，高的可达50%以上，即使是五星级宾馆也会比平时便宜很多。在吃的问题上，饭店也有不同的优惠，比如去青岛看海，冬天住在景色最宜人的八大关附近要比夏天便宜50%以上，所以，淡季旅游比旺季在费用上起码要少支出30%以上，而且，淡季旅游可以提前购票，还能购买返程票。航空公司为了揽客已作出提前预订机票可享受优惠的规定，且预订期越长，优惠越大。与此同时，也有购往返票的特殊优惠政策。在预订飞机票上如此，在预订火车、汽车票上也有优惠，如预订火车票，票买得早，可免去临时买票的各种手续费用。所以，旅游要尽量避开旺季，有意识地避开旅游热点地区的游客高峰期，到相对较冷特别是那些新开发的景区去旅游，就能省下不少经费。

二、选对旅馆也能省钱

外出旅游是一项耗费心力的活动，因此，有个安静、舒适的住宿休息的环境很重要，住的旅馆的质量将影响旅游质量，也影响到费用的支出，但这并不意味着就要住星级宾馆。所以，如何才能住得好、又住得便宜是很多人关心的问题。

首先，在出游之前要打听一下目的地，看看是否有熟人介绍或自己可入住的企事业单位的招待所和驻地办事处。如果有的话，这些条件较好的招待所和办事处便是不错的选择，因为大部分的企事业单位招待所和办事处都享有本单位的许多"福利"，且一般只限于接待与本单位有关的人。住在这种招待所和办事处里，价格便宜，安全性也好。当然在选择这些招待所和办事处时，也要根据位置决定，如果十分不便于出行则不可住。

如果找不到合适的招待所和办事处，就要选择比较合适的旅馆，在选择时，尽可能不要选择汽车、火车站旁边的旅馆，因为这种地方的大旅馆在价位上要贵很多，可选择一些交通较方便，处于不太繁华地域的旅馆，因为这些旅馆在价位上比火车站、汽车站旁边的旅馆要便宜得多，而且这些地段的旅馆还可打折、优惠。

总之，选择入住旅馆完全不必贪图星级，而应从实用、实惠出发，选择那些价格虽廉但条件也还可以且服务不错的招待所为宜。

三、会玩也能减少不必要的支出

出门旅游，最重要的目的就是玩，但是这并不代表就可以完全无节制地玩，了解如何在玩上省钱也是大有必要的。

首先，在旅游时，要精心计划好玩的地方和所需时间，尽量把日期排满，因为在旅游区多待一天就多一天的费用。

其次，对自己旅游的景区要大概了解一下，最起码要知道这个景区最具特色的地方和必须要去的地方。在去观赏这些地方时，对一些景点也要筛选，重复建造的景观就不必去了，因为这些景点到处都有。

再次，一些游客逛旅游景区常常怕累，往往进园坐游览车、上山坐缆车、山上坐轿子……这种走马观花不走路的游览，虽然节省了体力，但却要多花好多钱，而且也不利于旅游健身。所以，在旅游时，尽量别坐缆车或索道，许多景点最好亲自走一遭，既省钱，又能体会到它的魅力所在。

另外，景点门票最好不要选择"通票"，现在不少旅游区都出售"通票"，这种一票通的门票虽然可以节约旅游售票时间，而且表面上比分别单个买旅游景点的门票所花的钱要便宜一些，但是，你不可能将一个旅游区的所有景点都玩遍。所以，如果你玩一个景点买一张单票，反倒能省些钱来。

最后，在旅游时，可以抽出一点时间，去看看城市的风土人情，这不仅不需要花钱买门票，而且可以长知识、陶冶性情。

四、景区商品谨慎选择，不要花冤枉钱

传统的旅游观念中，去旅游总要买下当地的各种纪念品，但旅游景区的物价一般都较高，结果导致"游"没花多少钱，却为购物花下一大笔。那么如何不花冤枉钱呢？

首先，在旅游中尽量少买东西，旅游区一般物价较高，而且买了东西还不便旅行，而且一些旅游区针对顾客流动性大的特点，出售的贵重物品时有假冒商品，而真正体现该地区人文、历史风情的物品，未必会在景区里出售。所以，在旅游时千万不要买贵重东西，如果买了这些贵重物品，一旦发现上当，也会因为路远而无法找回公道，只得自认倒霉。

所以，在旅游中尽量少买东西，但是到一地旅游也有必要购些物品，用来馈赠亲朋、留作纪念。这时可以选择购买一些本地产的且价格优于自己所在地的物品，这些物品价格便宜，又有特色。

另外，无论是购旅游纪念品还是购旅游中的食物、饮料，或是购买当地的土特产品和名牌产品，都不必在旅游景区买，可以专门花上一点时间跑跑市场，甚至可以逛夜市购买。如此，既可买到价廉物美的商品，又能看到不同地方的"市景"。

此外，旅途中必备的物品，如胶卷等最好提前准备好，免得临时抱佛脚，买了质次价高的物件。

五、多吃当地的特色小吃

旅游景点的饮食一般都比较贵，特别是在酒店点菜吃饭，价格更是不菲，而各个旅游点的地方风味小吃，反倒价廉物美。外出旅游，完全没必要进当地的高档饭店吃饭，若想在吃上省钱，就尽量多品尝当地的特色小吃，这些东西不仅是地地道道的本地味，而且经济实惠。比如说山西的刀削面，虽然随处可见，可只有山西的风味最独特。选择当地的特色小吃，不但可以省下不少钱来，而且也可通过品尝风味小吃，领略各地不同风格的饮食文化。

六、结伙出游

　　如果你想到西藏、青海、新疆等地去旅行,最好选择结伙出游的方式,几个人一起租车、吃住,不仅安全,而且划算。

　　另外,如果不是到特别远的地方去旅游,完全可以坐火车、乘汽车,不一定要选择坐价格较贵的飞机,这样不但可以一路上领略窗外风景,而且花费也要少得多。

假日消费带上银行卡

　　假日经济已经成为我国经济的重要亮点,尤其是在"五一""十一""春节"等长假期间,人们旅游的热情空前高涨。假日经济的升温,不仅给火车、汽车、旅馆等行业带来无限生机,也给其他行业带来机会。

　　游客在玩得高兴的同时,也不能忽视"安全问题",安全包括"人身安全"和"财产安全",外出旅游免不了要带一些经费,这么多的钱除了要警惕小偷之外,应该如何保管也是一个大问题。

　　这时免不了要把"银行卡"推出来了。

　　虽然现在"银行卡"很普遍,但并不是每个人都懂得银行卡的使用法则,也不是每个人都能把银行卡利用得恰到好处。比如:有的消费者不会刷卡;有的"银行卡"设备落后,消费者使用时经常遇到这样或那样的故障;有的持卡者在异地经常取不到款,甚至个别网点拒绝取款,结果加大了银行取现数额。很多人在使用银行卡持卡消费和取款（尤其是款额大的消费）时往往也会遇到很多意想不到的麻烦——有的消费者持卡在自动柜员机取款时,由于操作不当或者机器故障,自动柜员机经常将卡吞下,持卡人如果不能出示有效证件,"银行卡"就取不出来;有的银行自动柜员机出现故障后长时间无人过问和无人维修,只好成了摆设。

所以,为了避免用卡取钱带来麻烦、浪费时间,许多持卡人很不习惯使用"银行卡"。

但如今,银行的各个业务都在不断完善,外资银行进入国内后,为客户提供了科学、便利、安全等消费品种供市场和客户选择。作为银行来说,通过创新"银行卡"服务品种,供客户选择,提高服务水准,完善现有网络,渐渐使银行卡成为假日消费的"主角"。

（1）持卡人办理手续将不再那么烦琐,将会越来越方便。

（2）银行卡的通用性越来越强。银行卡不仅在异地取款方便快捷,而且国内银行系统在研制这种网络时,也在考虑与国际接轨,因为出国旅游的人数日益上升。

（3）银行还会创新"银行卡"以外的旅行支票。旅行支票不仅便于携带,而且消费者可以针对情况变化随时消费。当然,旅行支票要限额,以防银行资金风险。

（4）旅游景点的服务范围会逐步扩大。各旅游景区在增加景点旅游商场、宾馆服务的同时，还会在旅游闹市区、购物区等场地建立自动柜员机，进行 24 小时服务。

（5）银行特约商户不断增加。银行不仅限于把大都市商场、宾馆作为银行的特约商户，还把各类旅行社、旅行团体作为特约商户，以扩大"银行卡"的发行范围。

（6）银行会不断增加软件与硬件服务。除了强调要有一流的服务，还强调要有过硬的服务设备，使广大客户享受到快捷、便利、安全的服务。

节日刷卡，避免风险

如今，越来越多的人使用信用卡，但随着信用卡客户的不断增多，信用卡被盗刷、复制等安全问题也备受威胁。尤其在"五一""十一""中秋""春节"等节假日期间，是个"刷卡高峰"，不管是买礼物送别人还是购买生活必需品，很多人都会选择用信用卡来支付。

但是，如何在使用信用卡的同时避免风险受到了越来越多消费者的关注。

很多人的钱包里都会有数量不等、各种各样的信用卡，免息透支消费是大家对信用卡最简单的认识，也是很多人之所以选择使用信用卡的原因。

与此同时，信用卡的问题也是消费者最关心的话题。我们不妨以在安全防范措施上做得比较突出的浦发信用卡举例，看一下信用卡的保卫措施。

一、签名＋密码＋免费照片卡三重保障护航

有些客户的签名很容易被模仿，也有的客户习惯使用密码确认交易。针对这种情况，信用卡为申请人提供签名和签名加交易服务密码两种确认交易方式，持卡人可以根据自己的刷卡消费习惯自主选择。浦发信用卡还可以根据持卡人的要求，印制免费照片卡，签账消费时可以用照片和签字以及密码配合使用，这样就进一步增强了信用卡刷卡的安全性。

二、账户变动，会用短信提醒客户

根据持卡人的账户情况，会通过短信及时向持卡人传递账户变动情况，包括消费、取现、对账单还款、逾期等提示，使持卡人即时掌握账户变动情况，保障账户的安全。

三、反欺诈系统

例如浦发信用卡独有的一套保护系统。基于花旗银行对浦发信用卡强大的技术支持，该系统会及时对一些可疑交易，比如一定时间内频繁的消费、大金额消费等做出及时有效的处理，并会与持卡人保持联络，以尽可能确保客户的每笔交易安全无误，从而保证持卡人的正常消费。

四、实时挂失生效

信用卡客户服务热线一般实行 7×24 小时的全天候服务，一旦信用卡遗失或被盗，拨打客户服务热线就能即刻进行实时挂失，避免使持卡人承担挂失之后的信用卡盗用损失。

花小钱过个温馨的节日

人人都愿意过节，可过节又让人人都犯难。要知道过一个节的开支要顶平常好几个月的开支，就一个"钱"字影响了你原本的好心情，让你笑容里隐藏着忧心忡忡。有没有办法能让两者的矛盾中和一下呢？其实只要懂得小窍门，不但可以高高兴兴地度过假日，也不会因超过预算而愁容满面。

一、礼物 DIY

如果你是一个手巧的人，不妨尝试以自己动手制作的礼物来代替商店购买的昂贵礼物，最好是能永久保存，或是市面上买不到的礼品。你还可以亲自为小礼物制作精美的包装，会更增添价值感情！如此，不但可以在 DIY 中找到乐趣，也让家人和朋友感受到你的浓浓心意。

记住，运用手边现成的东西做，尽量不要买多余的东西。所有的礼物包装可以利用家里现有的材料。

二、礼物网上挑省钱又省力

现在在网上能买到很多商场买不到的新奇玩意儿，价格直观、折扣诱人，对于那些讨厌在商场转来转去的或是囊中并不十分宽裕的朋友来说，省钱又省力，的确颇有吸引力。

要提醒网购菜鸟的是，别以为只有在真正的商店才能讨价还价，其实网上购物一样可以砍价。而且从某个卖家购物达到一定金额的时候，还可以商量减免邮资，如果看中了一家店里的好东西，还可以多约几个朋友一起购买，增大砍价的筹码。

三、招待客人少花钱

高级餐厅不是节日聚会时的唯一选择，招待客人时可以用家常便饭、野餐或甜点等温馨聚会的方式，不一定非得用丰盛的晚宴来营造气氛。或者请每位参与聚餐的客人自带一道拿手菜，如此一来既节省了费用，又能让大家的厨艺得到发挥，更有参与感。如去餐厅聚餐，可轮流坐庄或实行 AA 制，可以避免聚餐成为你的负担。

过节能给人惊喜，同时也会花费很多的钱。我们可以用拼购、礼物 DIY、网购等方式来节约用钱。

婚礼可以"省"着办

结婚是人生中的一件大事，每个人都想办得风风光光。现代结婚约定俗成的程序包括买钻戒、拍婚纱照、购买或租借婚纱礼服、办婚宴酒席、度蜜月等较大项目，此外还有一些零散的花费，加在 起也是一个不小的数目。

许多工薪族觉得自己一辈子就结一次婚，什么都要好的，什么都买贵的。特别是在遇到两件价格相差不多的同类产品时，都会选择稍贵的。可是这儿贵一点，那儿贵一点，到最后，花掉的钱却多了很多。

朱莉雅为结婚做准备是从装修房子开始的，她选择各种材料时都选用那些中等价位的，买家具和电器的时候也是比较了多家商场，最后选择了性价比较高、价格相对便宜的产品。其他方面也都没有选择价格昂贵的项目。几个最为亲密的朋友都不理解，纷纷劝说朱莉雅再多花点钱，弄得更加气派些。朱莉雅没有争辩，只是一笑而过。就连老公也有些内疚，说："不用太省了，咱们还有钱，都花完，以后再挣。"可是朱莉雅却说："我觉得我的安排挺好的，不能因为还有钱就都花掉，以后用钱的时候还很多呢。"

婚礼结束后，朱莉雅和老公合计了一下，就是这样节省，婚礼仍然花了7万多元，比计划的6万元多出1万多，他们俩工作几年的积蓄差不多用完了，加上婚礼上收回来的礼钱，一共还有五六万元。

后来，朱莉雅对婆婆说："婚礼上花多少钱不过是给别人看的，花多了还不是死要面子活受罪吗？要是我当初什么都买贵的，现在干什么都没有钱，谁会给我呀？将来有了孩子，谁给我养啊？日子过得好不好，只有自己知道，自己舒服才是最重要的。"婆婆说："你这么懂事，妈妈就不担心你们的将来了。其实，你们婚礼上还是有几处出彩的地方，给人留下了深刻印象。要是什么都选最好的，别人也就感觉不到什么亮点了。"

朱莉雅的看法是有道理的，结婚当然是大事，但是没有必要求虚荣讲排场。在准备结婚的时候应当进行预算，确定婚礼的花费总额度，并将其仔细划分到各个部分当中。那么，在具体操办的时候就要参考预算结果去进行消费，花销相对就会少一些。如果在操办婚礼的过程中将自己的思想、理财的观念注入其中，更会让婚礼增色。

那么，在物价节节攀升的今天，对于钱包本来就比较薄的"80后"来说，如何打理一个体面大方又相对省钱的婚礼呢？

工薪族要想将婚礼办得体面风光，但又能节省开支，可以参考以下几种方法：

一、明确理财需求，预算资金和收入

结婚是一件幸福的事，因此婚礼要做到适可而止，以免给将来的共同生活增添经济压力。这时，做一个预算是必不可少的，这样能约束花费，减少不必要的开支。即便如此，最后的实际开支还是会高出预算的10%～15%，因此进行预算的时候要留一些余地，不要把自己所有的钱统统拿出来。

制定预算时，先审视一下目前的财务状况，详细了解能有多少钱拿出来举办婚礼以及目前的财务负担，例如是否有房贷或车贷，等等。明确了财务状况，就要开始针对自己的经济实力做出结婚预算了。不过，在婚礼的支出中不应过分重视礼金收入。

根据经济实力，预估出一个总的支出总预算表后，就可以细化每一个大项了，例如，我们以婚宴费用这个大项举例，可以将它细化到每一个具体的小项目，当然，这个表格中的有些项目还可以细化，例如，婚庆公司费用中，有的可能会涵盖摄影、照相、花饰等费用支出，等等，不过，这些可能是婚庆公司需要考虑的事。

二、拍婚纱照，问清收费细节

婚礼流程的头一项自然是婚纱照，这可是婚礼和新房中最夺人眼球的部分，也是最挨宰的部分。建议不妨去风景优美的小城镇拍婚纱照，既能省下地区差价，拍出与众不同的照片，还能当作蜜月旅游。同等质量的一套婚纱，小城市拍摄，少说也能省钱30%。

不要用影楼提供的后期制作放大照片，而找专业彩扩店冲洗，一项就能省三四百元。另外，影楼隐藏了很多"二次消费"项目，比如新娘化妆品、租借首饰，还有多拍的相片底片，都需要另行付费，加一项就要50元，因此拍照前一定要咨询明白。

三、婚礼选择淡季，小心隐性收费

现在很多工薪族没有足够的时间操办婚礼，而父母亲人可能在外地，也可能精力不足，这时候可以请婚庆公司帮忙。但是如果是选择一站式服务的婚庆公司，对各项服务的细节要询问清楚，签订合同越详细越好。通常最易出现问题的是婚庆当天，布置因缺材料需临时加钱，婚车需临时更换要加钱才能解决，摄像费不包括后期剪辑、制作DVD需额外再加钱。

四、婚礼用品需要货比三家

当各种预算都已计划齐备后,将你所需要购买的东西列一个清单,然后货比三家进行购买。同样的商品在不同的地方可能会有不同的卖价,例如,通过网上商城直销的商品就有可能比在商店买的便宜。通过货比三家,在你预算不变的情况下,工薪族的你又能节省出一部分的资金。